高等教育“十二五”全国规划教材
高等院校艺术类教材

印刷工艺

Printing Technology

张雨 主编

20%的传统教学内容 + 30%的最新教育理念 + 50%的经典案例解析与项目实训

人民美術出版社

图书在版编目（CIP）数据
印刷工艺 / 张雨主编. -- 北京：人民美术出版社，2011.8（2015.9重印）
高等院校艺术类教材
ISBN 978-7-102-05110-9
Ⅰ. ①印… Ⅱ. ①张… Ⅲ. ①印刷－生产工艺－高等学校－教材 Ⅳ. ①TS805
中国版本图书馆CIP数据核字(2010)第144560号

主　　编：张　雨
副 主 编：邹克瑾 陈冠男
参　　编：王海波 解佳凡 朴明姬

高等教育“十二五”全国规划教材
印刷工艺

出　　版：人民美術出版社
地　　址：北京北总布胡同32号 100735
网　　址：www.renmei.com.cn
电　　话：大众美术编辑部：(010) 56692091
发行部：(010)56692185（010）56692193 邮购部：(010) 65229381

责任编辑：胡晓航
编辑助理：黎　琦
封面设计：肖　勇　贾　浩
版式设计：黎　琦
责任校对：马晓婷
责任印制：赵　丹
制版印刷：北京启恒印刷有限公司
经　　销：人民美术出版社
2011年8月 第1版 2015年9月第4次印刷
开　　本：787毫米×1092毫米 1/16 印　张：7.5
印　　数：8001－11000册
ISBN 978-7-102-05110-9
定　　价：38.00元

总序

肇始于20世纪初的五四新文化运动，在中国教育界积极引入西方先进的思想体系，形成现代的教育理念。这次运动涉及范围之广，不仅撼动了中国文化的基石——语言文字的基础，引起汉语拼音和简化字的变革，而且对于中国传统艺术教育和创作都带来极大的冲击。刘海粟、徐悲鸿、林风眠等一批文化艺术改革的先驱者通过引入西法，并以自身的艺术实践力图变革中国传统艺术，致使中国画坛创作的题材、流派以及艺术教育模式均发生了巨大的变革。

新中国的艺术教育最初完全建立在苏联模式基础上，它的优点在于有了系统的教学体系、完备的教育理念和专门培养艺术创作人才的专业教材，在中国艺术教育史上第一次形成全国统一、规范、规模化的人才培养机制，但它的不足，也在于仍然固守学院式专业教育。

国家改革开放以来，中国的艺术教育再一次面临新的变革，随着文化产业的日趋繁荣，艺术教育不只针对专业创作人员，培养专业画家，更多地是培养具有一定艺术素养的应用型人才。就像传统的耳提面命、师授徒习、私塾式的教育模式无法适应大规模产业化人才培养的需要一样，多年一贯制的学院式人才培养模式同样制约了创意产业发展的广度与深度，这其中，艺术教育教材的创新不足与规模过小的问题尤显突出，艺术教育教材的同质化、地域化现状远远滞后于艺术与设计教育市场迅速增长的需求，越来越影响艺术教育的健康发展。

人民美术出版社，作为新中国成立后第一个国家级美术专业出版机构，近年来顺应时代的要求，在广泛调研的基础上，聚集了全国各地艺术院校的专家学者，共同组建了艺术教育专家委员会，力图打造一批新型的具有系统性、实用性、前瞻性、示范性的艺术教育教材。内容涵盖传统的造型艺术、艺术设计以及新兴的动漫、游戏、新媒体等学科，而且从理论到实践全面辐射艺术与设计的各个领域与层面。

这批教材的作者均为一线教师，他们中很多人不仅是长期从事艺术教育的专家、教授、院系领导，而且多年坚持艺术与设计实践不辍，他们既是教育家，也是艺术家、设计家，这样深厚的专业基础为本套教材的撰写一变传统教材的纸上谈兵，提供了更加丰富全面的资讯、更加高屋建瓴的教学理念，使艺术与设计实践更加契合的经验——本套教材也因此呈现出不同寻常的活力。

希望本套教材的出版能够适应新时代的需求，推动国内艺术教育的变革，促使学院式教学与科研得以跃进式的发展，并且以此为国家催生、储备新型的人才群体——我们将努力打造符合国家“十二五”教育发展纲要的精品示范性教材，这项工作是长期的，也是人民美术出版社的出版宗旨所追求的。

谨以此序感谢所有与人民美术出版社共同努力的艺术教育工作者！

中国美术出版总社
人民美术出版社
社长 [signature]

第二章
印刷的基础知识

第三章
印刷的前期工作

4 第四章 印刷的中期工作

5 第五章 印刷的后期工作

6 第六章 从设计到完稿——印刷复制全程追踪

设计师推荐

本教材在详尽细致讲解印刷工艺基础知识及相关理论的同时配以大量案例分析及设计师经验提示，从实战角度提高学生实践应用能力和专业创作思考力，既是一本可按章节顺序学习的教材，也是一本具体问题具体分析的实践手册。

本书导读

知识链接依循各章节所涉及的知识点做进一步知识扩展，是引导学生自我学习的脉络与方向。在学习掌握印刷工艺纵向知识体系的同时，横向了解平面设计的知识要点，使知识的学习以“点”带“线”，以“线”带“面”，最终形成系统知识网络。

针对各章节的重点、难点提出的专项训练课题，可以及时监控学生对知识的掌握情况，加深对内容的理解。

通过选取有代表性的优秀案例，对各章节内容做更深入的讲解，突出实战性，让学生直接面对设计，对印刷工艺有更直观的理解和感受。

是设计及印刷工艺学习过程中的成功经验及问题的处理方法，可使学生更加直观便捷地掌握实践操作中遇见的类似问题。

1.

第一章　印刷技术的起源与发展

第一章 印刷技术的起源与发展

本章重点

文字的发明演变与发展

印章石刻与拓印

本章难点

雕版印刷术的原理与工艺流程

活字印刷术的原理与工艺流程

建议课时

12 课时

本章引言

在中华民族的古代重要发明之中，以印刷术对促进世界人类文明的贡献最大，影响也最为深远。印刷是工艺技术，属科技文化范畴。印刷又是应用技术，应用技术离不开相关科技和物质条件的支持。就印刷术的发明而言，它既离不开新石器以来彩陶拍印、织物印染、雕石墨拓等长期造就的雕刻与转印复制技术的支撑，也离不开文房四宝及刻版刷印工具等物质条件的配合，更少不了社会文化对它的需求。印刷术是在社会文化的长期孕育中诞生与发展的。

印纹陶器局部

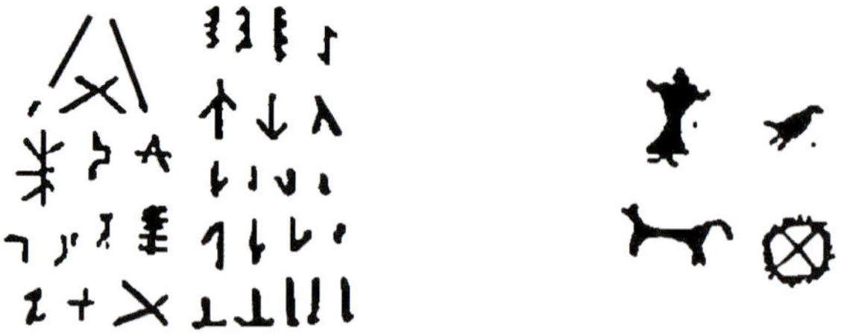

半坡村的文字符号

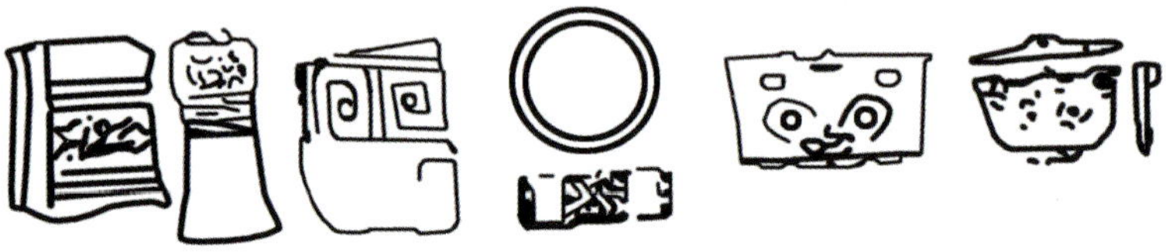

良渚文化云雷纹、兽面纹

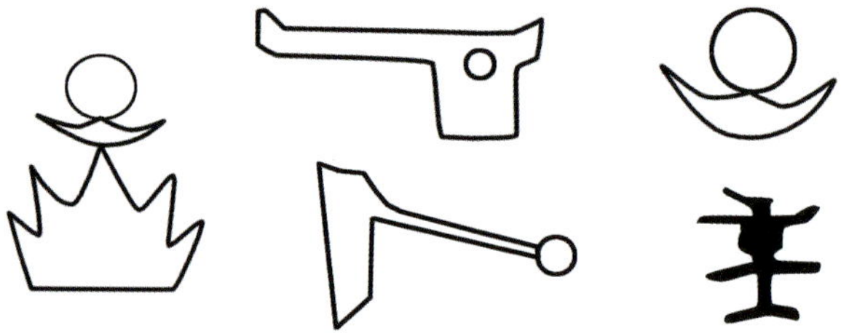

大汶口文化出土陶器上的五个象形文字符号

第一节 印刷技术的起源

“印刷术”是我国的四大发明之一，是我国传统文化的重要组成部分，为人类社会的发展与进步做出了伟大的贡献。

在公元 7 世纪，我国已发明了雕版印刷术，公元 1041 至 1048 年间又发明了活字印刷术，10 世纪左右套版印刷术出现，雕版印刷、活字印刷和套版印刷是中国古代印刷术的三种基本形式。19 世纪，现代印刷技术随西方的印刷工艺和机械的传入开始出现在了我国。

“印刷术”的应用范围非常广泛。当今的印刷几乎达到了除水和空气之外，可以在任何材质上进行印刷的水平。

知识链接

印纹陶器

印纹陶是我国在新石器时代出现的一种表面压印几何纹的陶器，也称“几何印纹陶器”。依其烧制温度的高低，又分为印文软陶和印纹硬陶两种。陶器表面压印的几何纹通常有云雷纹、方格纹、斜条纹、粗绳纹、席纹、斜线加圆点纹、双线斜格纹、曲折纹、叶脉纹、羽状纹、锥点纹等等。这些几何纹样既不是描绘的，也不是刻画的，而是采用一种类似于印版的印模拍印上去的。这种拍印技术，包括印模、拍印及印迹，为图文复制转印术的最初形式，开印模复制术之先河。

一、文字的发明、演变与发展

文字是印刷技术发明的前提条件

中国的文字从出现至今，出现了甲骨文、篆书、隶书、楷书等类型，后来逐渐派生出各种印刷字体，如宋体、黑体等。其中，到楷书阶段，已经具备了印刷术在规范文字方面的要求和条件。另外，若没有文字由繁到简的演变进程，使其更加便于书写、刊刻，便不会有石经刻制的流行、墨拓技艺的出现，以及由此进一步演变、发明的雕版印刷术。由此可见，文字是印刷术发明的重要前提。

甲骨文字被人们看作是中国最早的定型文字。甲骨文字是殷商时期被刻在龟甲、兽骨之上的文字，其内容多为“卜辞”，也有少数为“记事辞”。甲骨文有刀刻的，也有朱书墨书的。其字体多为象形文字，许多字的笔画繁复，近似于图画，而且异体字较多，难以辨认。

汉字字体举例

知识链接

原始的记事方法——“结绳记事”和“契刻记事”

在文字产生之前，人们采用过各式各样的记事方法，其中使用较多的是结绳和契刻。战国时期的著作《周易·系辞下传》中说：“上古结绳而治，后世圣人易之以书契。”汉朝人郑玄，在其《周易注》中也说：“古者无文字，结绳为约。事大，大结其绳；事小，小结其绳。”

结绳记事与契刻记事，只是对数字或方位等一些简单概念的记录表述，是一种表意形式，可以把它看成是文字产生前的一个孕育阶段，但它不能演变成文字。

秘鲁印加人结绳记事图形

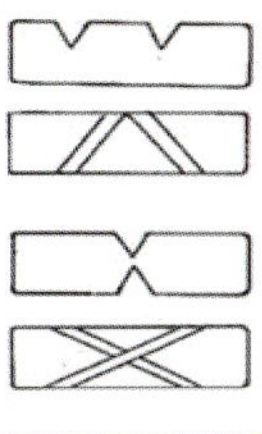

周家寨出土的骨契图形

二、笔墨纸的相继发明

1. 笔

印刷必有印版。最早发明的雕版印刷术的印版是手工雕刻的，而在雕刻之前必须先书写字样。书写字样使用的工具就是毛笔，因此，笔对印刷术的发明也是至关重要的。

毛笔

毛笔的发明和应用，对印刷术的影响与作用有二点：一是毛笔对汉字的发展演变具有推动作用，为印刷提供了易于书写和镌刻的规范文字；二是它为印刷提供了书写字样的工具。

2. 墨

墨是印刷的主要原材料之一。印版上的图文通过墨转印到承印物上。墨对于印刷术的发明也是必不可少的。

知识链接

《古今注》中的“笔”

笔的历史甚为久远。其产生的年代，过去一直依《古今注》中“蒙恬始造，即秦笔耳。以柘木为管，鹿毛为柱，羊毛为被”之说，说毛笔是秦朝大将蒙恬创造的，但出土文物证明，毛笔远在蒙恬造笔之前很久就有了。从新石器时代彩陶上已有朱、褐、黄、白、黑五种颜色的线条图案和对这些线条起落处的笔势分析来看，很像是类似于毛笔之类的工具描画的。

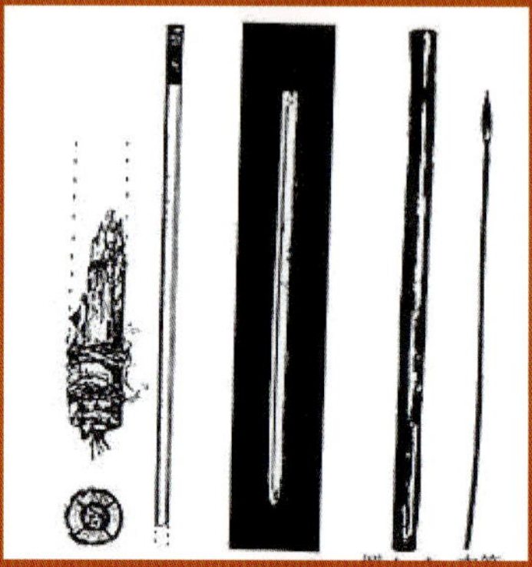

古笔

知识链接

“一点如漆”的“墨”

墨的起源较笔为早。东汉韦诞改良制墨术，为书写、印刷提供了“一点如漆”的理想材料。不过早期的墨都是采用天然材料，譬如用朱砂、黑土等矿物质，甚至用墨斗鱼腹中的墨汁为墨进行书写或染色。印刷所用的墨，是采用一定的工艺方法，由人工制造的人造墨。

东汉墨锭

墨

3. 纸

纸是印刷的承印物，是知识和信息的载体。由于有了纸，印刷术才得以完善，并迅速推广开来。历史上，纸有动物纤维和植物纤维之分。

笔、墨、纸张的发明和完善，对我国传统文化的发展产生深远的影响，同时为印刷术的发展奠定了物质基础。

三、印章、刻石和拓印

1. 印章

美国著名汉学家卡特博士认为:“印章的盖印乃中国发明印刷术之先河”。印章最早的用途是盖印，主要有三方面的功能：一是直接盖印在泥土之上，称为封泥；二是模仿印章制成模具，用以模印砖瓦；三是在印章图文之上涂以朱砂等染料，捺印于织物或纸张之上，与现在的盖章完全一样。

刻制印章的材料，有金属，有玉石，有象牙，有兽角，但更多的是取材简单价格便宜的石块与陶泥。

印章图片

印章创造了从反刻文字取得正写文字的复制方法，阳文印章的作用，就提供了一种从阳文反写文字取得正写文字的复制技术。印章为印刷术的发明提供了一个重要的技术条件，由于纸的流行而使印章的盖印由封泥盖印进化到纸墨盖印，这就为印刷术的发展，尤其是雕版印刷术，突破了一个重要关口，是印刷技术发明的前驱。

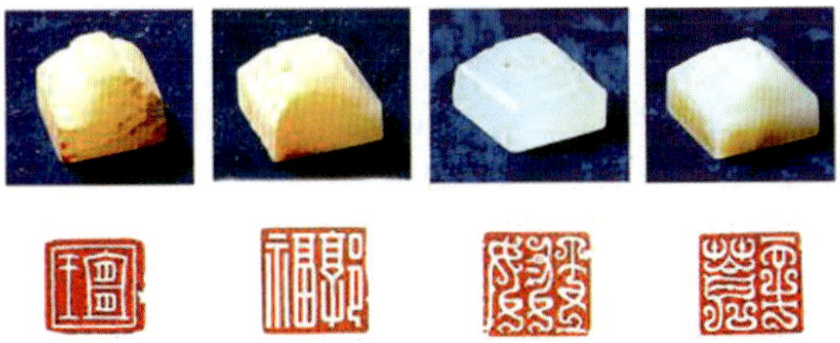

古代玺印

知识链接

蔡伦画像

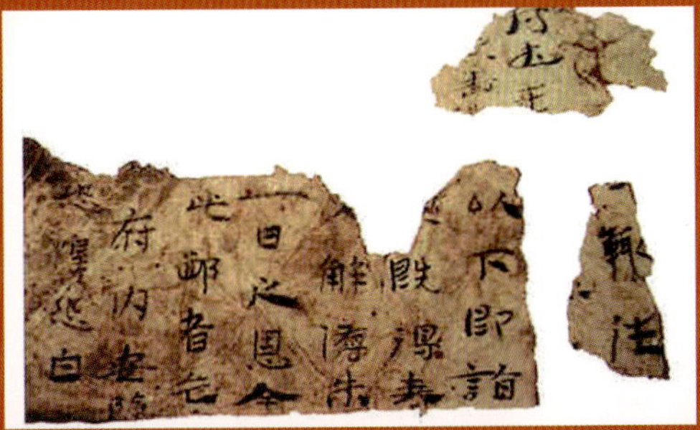

蔡伦纸

蔡伦发明了造纸术。许慎在《说文解字》中解释纸为漂丝时残留在竹席子上的一层碎丝绵晾干后所形成的一张薄片。这种利用，最初可能是无意的，后来有意识地进行加工，制成一种漂丝的副产品，当时称之为“纸”。

这种纸价格贵、数量少，推广使用是有困难的。后来经过不断摸索、实践，终于发明了人们现在所说的纸——植物纤维纸。

2. 刻石与拓印

刻石是用刻刀在石头表面上手工雕刻出文字或图案，刻石工艺在我国古代广为流传，起始于秦汉时期，沿用至今。现存最早的刻石，是唐朝初年在陕西凤翔县被挖掘出来的埋在地下的十面石鼓，石鼓四周面上刻有文字，名曰“石鼓文”。

古代刻石有“碣”、“碑”、“墓志”、“摩崖”之分。碣与碑在外形上有一定的区别，唐代李贤注解《后汉书》时的说法：“方者谓之碑，员（即“圆”本字）者谓碣。”另外从官位的高低来规定，大者为碑，小者为碣。碑刻从二千多年前开始流行，至今持续不衰，秦刻石是最古的碑刻，碑刻对手工雕刻技术要求较高，它对手工雕刻技术的发展必将产生相当大的推动作用。人们为了悼念亡者，寄托情感，产生一种埋放于墓中的刻石形式，称之为墓志。摩崖指的是在山崖石壁上所刻的文字，就是在需要叙功或记事的地方，就地铲平一块石壁勒刻文字，以求传之久远。

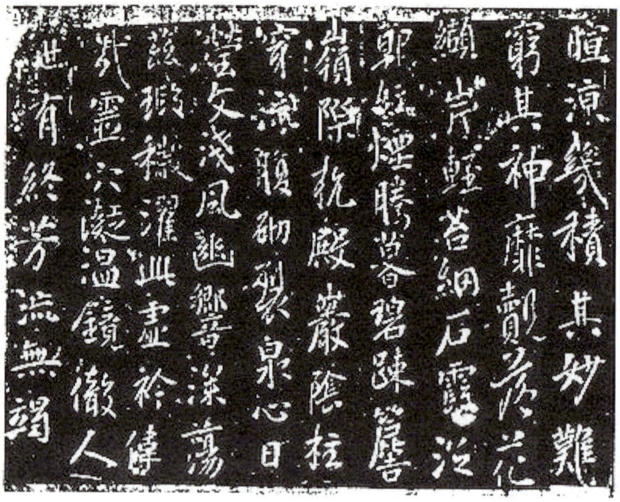

现存最早的拓片“温泉铭”——采自钱存训著《纸和印刷》

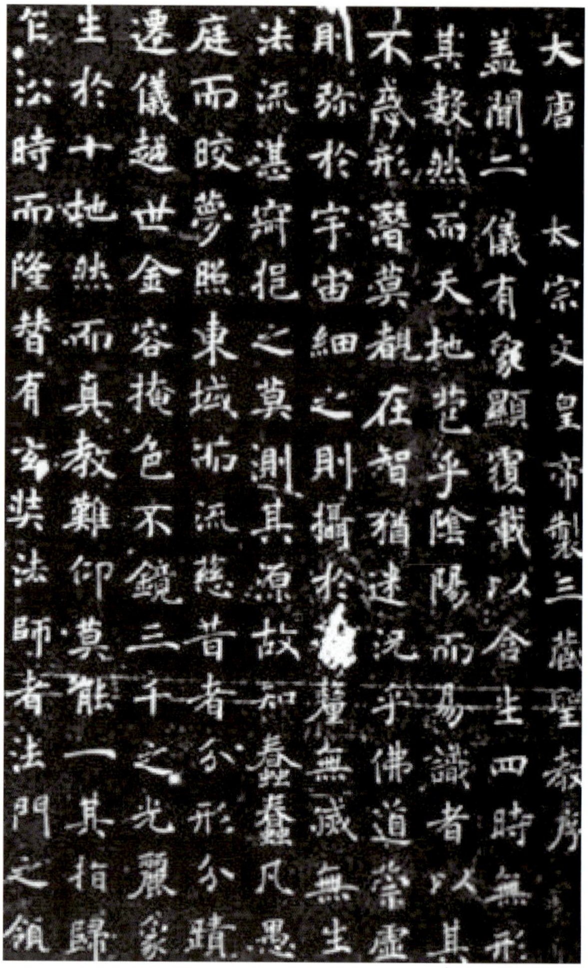

褚遂良《大唐三藏圣教序》拓片

熹平石经残石

汉朝碑刻最负盛名的是汉灵帝熹平年间镌刻的熹平石经和东汉末三国时期魏明帝正始年间刻制的三体石经，其中尤以熹平石经为最。

拓印，是一种把碑刻等上面的文字、图形印下来的方法，由来亦久。拓印术的出现，为印刷术的发明提供了在纸上刷印的复制方法。可以说拓印术本身就是蒙眬之中的印刷术，把它视作雕版印刷的雏形，是比较适宜的。

印章盖印术和石刻拓印术的出现与使用，为印刷术的发明提供了必要的技术基础。

拓印在中国有着悠久的历史，关于拓印术的起源，历史上没有记载，但有一点是可以确定的，即拓印术的出现肯定是在纸张发明之后，且比雕版印刷早。拓印是把一张坚韧的薄纸事先浸湿，再敷在石碑上面，用刷子轻轻敲打，使纸入字口，待纸张干燥后用装有丝棉絮做成的“朴子”蘸墨，轻轻地、均匀地拍刷，使墨涂匀纸上，然后把纸揭下来，一张黑地白字的拓片就复制完成了。它与雕版印刷颇为近似，就印刷复制术而论，拓印术本身就是朦胧之中的印刷术。把它视作雕版印刷的雏形，是比较适宜的。

拓印示意图

四、印刷术发明的社会基础

历史上任何工艺技术的发明，都是以社会需求为其产生的前提条件。社会的进步，文化事业的发展，不仅直接促成了印刷术的发明，而且在印刷术的整个准备时期中，包括手工雕刻技术、纸墨笔的发明和发展，以及文字的产生和规范等在内的所有准备工作，无不因社会需求而诞生，随社会的需要而发展。是社会文化事业的需求直接导致了印刷术的发明，促进着印刷术的发展。社会的进步和文化事业的发达、兴旺，造就了印刷术的社会环境和客观需求。

文字的发明、演变与发展，使得汉字逐渐向着简化、工整、规范和易于镌刻方向发展，是印刷术发明的重要前提条件；笔、纸张和人造墨的发明和应用，为印刷术奠定了物质基础；手工雕刻技术以及盖印、拓印技术的不断完善，为印刷术的发明解决了技术难题；社会的进步和文化事业的发展，造就了印刷术的社会环境和客观需求。以上四者的结合，使得印刷术的发明成为历史的必然。

第二节　印刷术的演变和发展

印刷术的种类繁多，工艺各异，如：雕版印刷、活字版印刷、套版印刷、漏版印刷、石版印刷、珂罗版印刷、胶版印刷、凹版印刷等等。在这些种类繁多的印刷术中，最先发明的印刷术是雕版印刷，其他门类的印刷术都是在雕版印刷的基础上逐渐演变而来的。

一、雕版印刷术的发明与演变

1. 雕版印刷术的发明

雕版印刷术是我国发明时间最早、应用时间最长的印刷术。从现存的资料来看，它的发明时间大约是公元 7 世纪，隋末唐初时期。

雕版印刷

雕版印刷是将文字、图像雕刻在平整的木板上，再在版面上刷上油墨，然后在其上覆上纸张，用干净的刷子轻轻地刷过，使印版上的图文清晰地转印到纸张上的工艺方法。

在这之前 4000 年的文化发展，为雕版印刷术的发明创造了充分的物质与技术基础，而隋唐文化则为雕版印刷术的发明提供了社会条件。正是在这样的社会背景下，雕版印刷术才得以应运而生。

雕版印刷的印品，开始只在民间流行，并有一个与手抄本并存的时期。唐穆宗长庆四年（公元824 年），诗人元稹为白居易的《长庆集》作序中有“牛童马走之口无不道，至于缮写模勒，烨卖于市井”。“模勒”就是模刻，“烨卖”就是叫卖。这说明当时的上层知识分子白居易的诗的传播，除了手抄本之外，已有印本。

2. 雕版印刷的原理

将文字、图像反刻于木板上，再在印版上刷墨，铺上纸张，然后用干刷子在纸上刷拭，使印版上的图文转印到纸张上，揭起纸张后，就完成了一次印刷，这就是雕版印刷的基本原理。即写样 – 上版 – 刻版 – 打空 – 拉线 – 修版 – 固版 – 刷黑 – 覆纸 – 刷印 – 晾干。

知识链接

金刚经

1900 年，敦煌藏经洞被发现，内藏大量唐五代的文献，除有大量的写本外，也有不少印刷品。在敦煌千佛洞里发现一本印刷精美的“金刚经”，这是目前世界上最早的有明确日期记载的印刷品，现藏伦敦大英图书馆。

“金刚经”末尾题有“咸通九年（公元 868 年）四月十五日”等字样，为王玠出资施印。该经全长 5.25 米，由 7 张印纸连接而成卷装，每张纸高 26.67 厘米、宽 75 厘米。

现存最早有明确日期记载和精美扉画的唐咸通本《金刚经》

3. 雕版印刷术的发展

沈括在《梦溪笔谈》中说，雕版印刷唐代尚未盛行。五代时期开始印制大部儒家书籍，冯道始印“五经”。以后，经典皆为版刻本。

雕版印刷开始只有单色印刷，五代时有人在插图墨印轮廓线内用笔添上不同的颜色，以增加视觉效果。天津杨柳青版画现在仍然采用这种方法生产。将几种不同的色料，同时上在一块版上的不同部位，一次印于纸上，印出彩色印张，这种方法称为“单版复色印刷法”。宋代曾用这种方法印过“会子”（当时发行的纸币）。

雕版印刷从工艺技术上，有单色雕印和彩色雕印之分；从印刷形态上，则有凸印和漏印之别。

中国传统印刷中的雕版印刷，从单色雕印起，逐渐向彩色套印演进，历经刷涂套色、刷捺套印、刷版套印、分版套印等，其技艺之精已达到迄今各现代印刷工艺也难以仿效的程度，使中国传统印刷工艺在当今盛开的印刷百花园中独树一帜，被誉为“真正的印刷艺术”。

活字印刷

雕版印刷术比起以前的手写传抄手段不知要节省多少人力和时间，对于书籍的生产和知识的传播来说，是一个巨大的革命。但是，雕版印书必须一页一版，如果刻一部大书，费工费时，而且储存版片要占用很多空间，管理起来也有一定的困难。而在雕版的基础上发明的活字排版印刷术则可以解决这些矛盾，进一步提高印书效率。

知识链接

谷登堡

德国人谷登堡在1440—1448年间发明了铅活字印刷，但比起毕昇发明的活字印刷术大约晚了400年。他制作活字的材料是铅、锡、锑合金，易于成型，耐用率高。在铸字的工艺上，谷登堡使用了铸字的字盒和字模，使活字的规格容易控制，便于大量生产。谷登堡还首创了脂肪性油墨，大大地提高了印刷质量。他还用木材制出手动垂直螺旋印刷机，将传统的刷印改为压印，谷登堡发明的印书机，虽然结构简单，但改进了印刷的操作，是后世印刷机的雏形。谷登堡的创造使印刷术得到了飞跃发展。谷登堡在制作活字原材料的选择、脂肪性油墨的应用，以及印刷机的发明制造等方面都取得了巨大成功，奠定了现代印刷术的基础。谷登堡被各国学者公认为现代印刷术的创始人。

二、活字印刷术的发明与发展

1. 活字印刷术的发明

世界上第一个发明活字印刷术的是我国宋朝的平民毕昇。时间是北宋仁宗庆历年间，比德国的谷登堡要早400年。

2. 活字印刷术的原理与工艺流程

活字印刷就是预先制成单个活字，然后按照付印的稿件，拣出所需要的字，排成一版而施行印刷的方法。采用活字印刷，一书印完之后，版可拆散，单字仍可再用来排其他的书版。直到20世纪这个方法还是世界上生产书籍、报纸、杂志的主要方法。

毕昇的活字印刷，沈括在《梦溪笔谈》卷十八“技艺门”中有较详细的记载：“板印书籍，唐人尚未盛为之，自冯瀛王始印五经，后世典籍皆为板本。庆历中有布衣毕昇又为活版。其法：用胶泥刻字，薄如钱唇。每一字为一印，火烧令坚。先设一铁板，其上以松脂醋和纸灰之类冒之。欲印，则以一铁范置铁板上，乃密布字印，满铁范为一板，持就火炀之。药稍熔，则以一平板按其面，则字平如砥。若止印三二本，未为简易，若印数十百千本，则极为神速。常作二铁板。一板印刷，一板已自布字。此印者才毕，则第二板已具。更互用之，瞬息可就。每字皆有数印，如‘之’、‘也’等字，每字有二十余印，以备一板内有重复者。不用则以纸贴之。每韵为一贴，木格贮之。有奇字素无备者，旋刻之，以草火烧，瞬息可成。不以木为之者，文理有疏密，沾水则高下水平，兼与药相粘，不可取，不若燔土，用讫再火，令药熔，以手拂之，其印自落，殊不沾污。死，其印为予群从所得，至今宝藏之。”这里世界上关于活字印刷的最早的科学记载，虽然只有短短的三百余字，但内涵相当丰富，基本包括了活字印刷的整个工艺流程。

毕昇泥活字印刷术的工艺流程图

知识链接

翟金生

翟金生字西园，是安徽泾县西南八十里水东村的一个秀才，以教书为生，能诗善画，颇有艺术才能。他感到一般人著作，因为雕版费用太大，自己无力刊行，往往不为世人重视，致被埋没，深为可惜。读了沈氏《梦溪笔谈》所载用泥字排版印书，殊感兴趣，就不顾“家徒壁立室悬罄”而设法仿造，把一生精力都倾注在研制泥字印书上面。

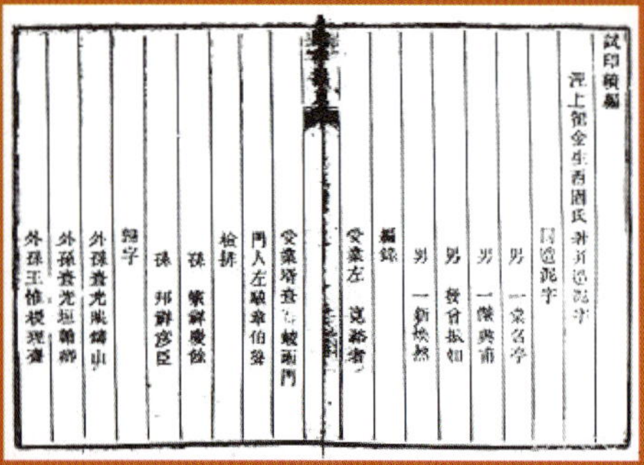
試印續編
泾上翟金生西園氏著并造泥字

翟金生用泥活字印刷的《泥版试印初编》

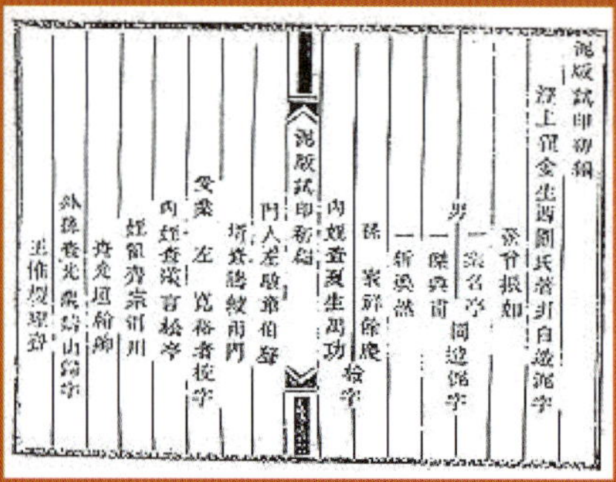
泥版試印初編
泾上翟金生西園氏著并自造泥字

翟金生用泥活字排印的《泥版试印续编》

3. 活字印刷术的分类

中国古代的活字，以制作材料，可以分为两大类：第一类是非金属活字，如泥、木、瓷所制成的活字。第二类是金属活字，如：锡活字、铜活字、铅活字等等。

本章练习： 请简述我国印刷术发明与演变的几个历史阶段。

2. 第二章　印刷的基础知识

第二章 印刷的基础知识

本章重点

印刷的概念
印刷的常识

本章难点

印刷的要素

建议课时

8 学时

本章引言

要想掌握印刷的工艺流程及技术要求等问题，就有必要知道印刷的概念、印刷的要素等有关印刷的常识性的知识。那就让我们进入第二章的学习——印刷的基础知识。

第一节 印刷的概念

一、传统印刷的定义

印刷就是利用一定的压力使印版上的油墨或其他黏附性的色料向承印物上转移的工艺技术。从这个定义中，我们可以看到，印刷的本质就是油墨的转移，而印刷的发展也就是印版和印刷压力的变化。

二、广义印刷的定义

随着近现代电子、激光、计算机等新技术不断向印刷领域的扩展以及高科技成果在印刷中的应用，出现了许多无需印版和印刷压力的数字化印刷方式，如激光打印、数字印刷、喷墨打印等，从而使印刷的定义有了新的含义：印刷是使用印版或其他方式将原稿上的图文信息转移到承印物上的工艺技术，也就是说，印刷是对原稿上图文信息进行大量复制的技术。

所以，我们说到印刷，不能只从某一个特定的角度来看待，它应该有两种基本的模式，一是传统的模拟印刷模式，一是数字化印刷模式。

第二节 印刷的要素

印刷的要素是指在完成一件印刷品的复制中，所需要的最基本的元件。对于传统印刷而言，印刷有五大要素，它们分别为原稿、印版、油墨、承印材料、印刷机械。而对于数字化印刷模式而言，印刷只有四大要素，即原稿、油墨、承印材料、印刷设备。下面我们分别阐述。

> **经验提示**
>
> 版面上的文字距离裁切边缘必须为3mm，以免裁切时被切到。文字必须转曲线或描外框。文字不要使用系统字，若使用会造成笔画交错处有白色节点。文字转成曲线后，请注意字间或行间是否有跳行或互相重叠的错乱现象。如果笔画交错处有白色节点时，以打散的指令处理即可。黑色文字不要选用套印填色。

一、印刷原稿

原稿是印刷过程中被复制的对象，它是制版、印刷的基础。这就是说，在印刷过程中如果没有好的原稿就不可能获得高质量的印刷品。随着计算机技术在印刷中的应用，印刷用的原稿也多了起来，形式也更加多样化。印刷中不同类型的原稿，不仅会影响到印刷品的质量，而且还影响着制版工艺的选择。

1. 按原稿的内容分类，印刷原稿可分为文字原稿和图像原稿。

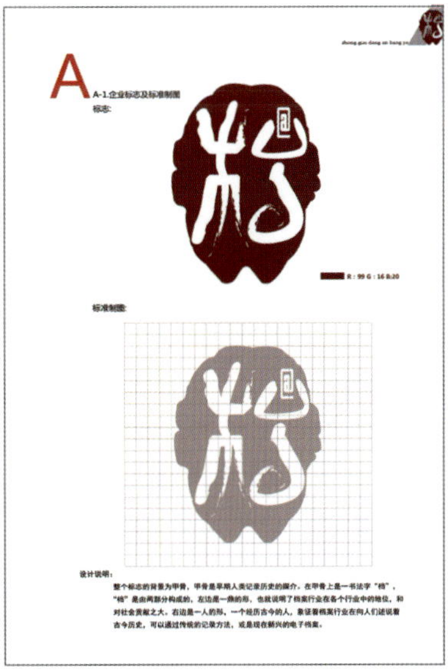

图像原稿

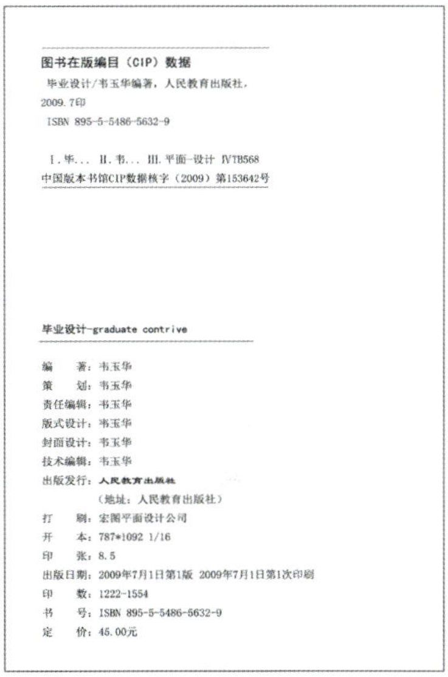

图书在版编目（CIP）数据
毕业设计/韦玉华编著，人民教育出版社，
2009.7印
ISBN 895-5-5486-5632-9

Ⅰ.毕... Ⅱ.韦... Ⅲ.平面-设计 ⅣTB568
中国版本书馆CIP数据核字（2009）第153642号

毕业设计-graduate contrive

编　　著：韦玉华
策　　划：韦玉华
责任编辑：韦玉华
版式设计：韦玉华
封面设计：韦玉华
技术编辑：韦玉华
出版发行：人民教育出版社
（地址：人民教育出版社）
打　　刷：宏图平面设计公司
开　　本：787*1092 1/16
印　　张：8.5
出版日期：2009年7月1日第1版 2009年7月1日第1次印刷
印　　数：1222-1554
书　　号：ISBN 895-5-5486-5632-9
定　　价：45.00元

文字原稿

2. 按载体的特性来分可将原稿分为反射原稿和透射原稿两种。反射原稿是以不透明的材料作为图文信息的载体的原稿，如印刷品原稿、照片原稿等。透射原稿是以透明的材料作为图文信息载体的原稿，如反转片等。

透射原稿

反射原稿

3．按色彩来分的话，则可将原稿分为黑白原稿和彩色原稿。

黑白原稿

彩色原稿

4．按原稿的形式分，可分为两类：一类是硬件形式的原稿，如上面提到的所有原稿就属于这类原稿。另一类则是电子形式原稿，这是一种随计算机技术在印刷中应用而出现的一类原稿，是以电子媒体为图文信息载体的原稿。

电子媒体载体

5．若按图像的反差分，可将原稿分成薄稿（反差小）、正常稿（反差正常）、闷厚稿（反差大）。

薄稿（反差小）

正常稿（反差正常）

闷厚稿（反差大）

经验提示

不能以荧幕或打印机列印的颜色来要求印刷色，客户制作时必须参照CMYK色谱的百分数来决定制作填色。同时注意：不同厂家生产的CMYK色谱受采用的纸张、油墨种类、印刷压力等因素的影响，同一色块会存在差异。

请使用Coreldraw9.0中文版设计制作文档。由于组版的需要，用苹果机设计的文档都将转换成pc格式。在Coreldraw中，影像、照片必须以tiff档格式，CMYK模式输入，勿以psd档之格式输入，所有输入的影像图、分离的下落式阴影及使用透明度、滤镜材质填色owerclip的物件，请在Coreldraw中再转一次点阵图（色彩为CMYK32位元，解析度为300dpi，反锯齿补偿透明背景使用色彩描述档皆打勾）。以避免组版时造成马塞克影像。如以调整节点的方式缩小点阵图，也请再转一次点阵图（选项如前），避免点阵图输出时部分被遮盖。使用Coreldraw的“滤镜特效”处理过的物件同样也请转一次点阵图（选项如前），以保万无一失。

二、印版

印版是将油墨传递到承印物上的图文信息的载体。在印版上，能接收油墨的部分称之为印刷部分或图文部分，反之，则称为印版的空白部分或非图文部分。就目前来看，印版主要有金属和非金属两种。在传统的印刷模式中，依图文部分与空白部分的相对位置、高度的差别或传递油墨的方式，可将印版分为凸版、平版、凹版、孔版。

三、承印材料

承印材料是指能够接受油墨或其他吸附色料并呈现图文信息的各种物质的总称。纸材是主要的承印物。随着印刷技术的日益成熟，印刷材料也越来越广泛，还有纺织品、陶瓷、塑料、木材、金属等等。根据不同承印物的各自特点，设计师充分发挥承印物的优点，生产制作出精美的包装。

四、油墨

油墨是印刷过程中用于形成图文信息的物质，它直接决定印刷品上图像的阶调、色彩、清晰度等。在印刷中，按照印刷方式的不同，可将油墨分为凸印油墨、胶印油墨、凹印油墨、孔印油墨等。

知识链接

1. 传统印刷模式的印刷过程

一件印刷品的复制，一般需要经过原稿的分析与设计、印前图文信息处理、制版、印刷、印后加工五个基本的步骤。也就是说，一件印刷品的完成，首先需要选择或设计出适合于印刷的原稿，然后利用照相分色、电子分色、彩色桌面出版系统等手段对原稿上的图文信息进行处理，制作出供晒版或雕刻用的原版，再用原版制出供印刷用的印刷印版，最后把印版安装到印刷机上，利用印刷机械将油墨均匀地涂布在要印的图文上，在印刷压力的作用下，使油墨转移到承印物上，完成以上工作之后，经过印后加工以实现不同使用目的的印刷品。前三个步骤统称为印前技术，把油墨转移到承印物上的过程称之为印刷技术，把经过印后加工以实现不同使用目的的印刷品的过程称之为印后加工技术。所以说，印刷工程就是印前技术、印刷技术、印后加工技术三大技术的总称。

2. 数字化模式的印刷过程

数字化模式的印刷过程，也需要经过原稿的分析与设计、图文信息的处理、印刷、印后加工等过程，只是减少了制版过程。因为在数字化印刷模式中，输入的是图文信息数字流，而输出的也是图文信息数字流。相对于传统印刷模式来说，只是输出的方式不一样。传统的印刷是将图文信息输出到软片上，而数字化印刷模式中，则将数字化的图文信息直接记录到印版上。

五、印刷机械

印刷机械是印刷过程中复制印刷品的机器、设备的总称，它是印刷过程中的核心，其作用是使印版上的油墨转移到承印物表面。

印刷机械一般由给纸部件、输墨部件、印刷部件、收纸部件组成。胶印机一般还有一个输水部件。

印刷机械多种多样，分类的方法也很多。

油墨应用故障

粉化

油墨印在承印物上，虽干燥后仍可被擦掉的现象。

堆墨

油墨在印刷过程中堆集在印版、墨辊和橡皮布上以致不能顺利进行印刷的现象。

蹭脏

油墨由于固着得过慢以致污染压在上面的印品背面的现象。

脱墨

在胶版印刷过程中由于水墨平衡失调，以致在串墨辊上有部分油墨被水代替而不粘油墨的现象。

浮脏

亦称油墨化水，是指平版油墨的组成物质与润版药水结合，而使印版及印品的非图文染区有轻微浅淡的颜色。

起脏

印品的非图文区出现许多油墨污点。

糊版

过粗过黏的油墨在印刷机上使纸屑、墨皮等颗粒杂质集中在印版的网点上，使印品模糊不清。

透印

印品上的油墨由纸面渗到纸背而且印迹的边缘常有油迹出现。

粘页

印刷采用了干性慢的油墨，以至印品粘贴成块。

1．按印刷方式分

按印刷方式分类的话，可将印刷机械分为凸版印刷机、平版印刷机、凹版印刷机、孔版印刷机。

2．按幅面分类

按印刷幅面分类的话，则可将印刷机械分为对开印刷机、四开印刷机、八开印刷机等。

3．按印刷色数分类

按印刷色数分的话，可将印刷机分为单色印刷机、双色印刷机、多色印刷机。

4．按给纸形式分类

按给纸形式分类的话，可将印刷机分为卷筒纸印刷机、单张纸印刷机两种。

5．按压印方式分类

按压印方式来分的话，则可将印刷机械分为平压平、圆压平、圆压圆三种。

平压平印刷机的装版机构和压印机构都是一个平面，在印刷中，由于两个平面要充分接触，所以需要较大的印刷压力，这样印刷出来的印刷品墨色重，线条、笔画饱满。一般作为凸版印刷机使用。

圆压平印刷机装版机构是一个平面，而压印机构是一个圆形的滚筒，由于印版和压印机构是线接触，因此印刷速度较快，印刷压力比平压平印刷机要小些。这类印刷机主要用于凸版印刷机，而胶印中的机械打样机也属这类印刷机。

圆压圆印刷机装版机构是一个圆形的滚筒，而压印机构也是一个圆形的滚筒，由于印版和压印机构是线接触，因此印刷速度最快，印刷压力最小。这是现代印刷机的主流。

知识链接

印品质量评价的方法

印刷界常把印刷质量评价方法分为主观评价、客观评价和综合评价三类。

1. 主观评价

主观评价通常是指由人眼而不是用仪器进行质量评判的方法，即人们对印刷品的主观印象。

2. 客观评价

客观评价方法，就是用恰当的物理量或者说质量特性参数对图像质量进行量化描述，为有效控制和管理印刷质量提供依据。

对彩色印刷品来说，印刷质量的评价内容主要包括色彩再现、阶调层次再现、清晰度和分辨率、网点的微观质量和质量稳定性等内容。可使用密度计、分光光度计、控制条、图像处理手段等测得这些质量参数。

3. 综合评价

所谓的综合评价方法就是采用主观评价方法来确定客观评价方法难以解决的变量相关之间权重的方法，即将主观评价与客观评价综合在一起的一种评价方法。

印刷品的质量标准

1. 精细产品的质量标准

（1）套印准确，误差应小于两网点之间距离的一半，所以越是精细产品，允许的误差就越小。

（2）网点饱满，光洁完整。

（3）墨色均匀，层次丰富，质感强，实地平服。

（4）文字、线条光洁，边缘清晰、完整。

（5）印张无褶皱、无油腻、无墨皮，正反面无污迹。

2. 一般产品的质量标准

（1）画面的主要部位套印准确。

（2）网点清晰完整。

（3）墨色均匀，实地平服。

（4）文字线条清晰完整。

（5）印张无褶皱、无油腻、无墨皮，正反面无污迹。

印前费用及印后加工费用

开机印刷前的工序所发生的费用叫印前费用，印刷后的加工程序费用叫印后加工费用。

打字、设计、制作、扫描、胶片、硫酸纸、喷墨打样、激光打样、电分、电分打样、接稿、校稿等均为印前费用。

烫金、凸凹、压纹、过塑、压线、粘、切、包装、运费等均为印后加工费用。

第三节 常用纸张

如何合理利用资源是每个设计者都应该注意的问题，作为一名设计师应对印刷输出纸张的规格、种类及它们的应用范畴等有一定的了解和认识。

一、纸的单位

1. 克：纸张的重量用定量来展示，定量又称克重，即每平方米纸张的重量（克）。常用的纸张定量有 50g/ m^2、60g/ m^2、70g/ m^2、80g/ m^2、100g/ m^2、120g/ m^2、150g/ m^2等。克重愈大，纸张愈厚。克重在 250g/ m^2以下的为纸张，超过 250g/ m^2的则为纸板。

2. 令：500 张全张纸为一令。

3. 吨：与平常单位一样，1 吨等于 1000 千克，用于算纸价。

经验提示

通常纸张的克数与纸张的厚度有一定的关系。以铜板纸为例：90g/ m^2 的纸厚度为 0.069mm，100g/ m^2 的纸厚度为 0.077mm，120g/ m^2 的纸厚度为 0.092mm，150g/ m^2 的纸厚度为 0.115mm，180g/ m^2 的纸厚度为 0.138mm，250g/ m^2的纸厚度为 0.192。

彩色喷墨印刷技术简介

喷墨印刷是采用计算机控制，通过喷嘴射到承印物上的细墨流而获得文字和图像的一种无压印刷方式。它集电子、机械、流体、超声、微机等多学科的技术为一体，已成为彩色印刷领域高新技术之一。由于近年来户外大型广告采用了喷墨印刷技术，使得广告图案的色调层次、清晰度、色饱和度等达到了近乎完美的程度。

1. 喷墨印刷的组成系统

喷墨印刷系统由系统控制器、喷墨控制器、喷头、承印物驱动机构、承印物等组成。

喷墨印刷系统的输出墨点是决定印刷质量的关键因素。墨点的大小以每英寸多少点数表示。彩色印刷一般用 300dpi、600dpi、720dpi、1024dpi 等等，有的大幅面广告宣传画采用 9 ~ 72dpi 就可以达到要求。

2. 喷墨印刷机的类型

喷墨印刷机可分为连续式喷墨印刷机和间歇式喷墨印刷机两大类。

3. 彩色喷墨印刷工作原理

彩色喷墨印刷系统的主机通过多种不同的信息源接收彩色信息，如彩色图形终端、彩色扫描器（仪）、数字照相机、彩色文字处理机等各种模拟或数字原稿采集系统。信息源将色光的三原色红、绿、蓝信息送至印刷机接口，并将要复制的信息存入主存储器，然后由色彩转换器将红、绿、蓝三色信息转换为黄、品红、青、黑四色油墨的分色、加网信号，再由灰度控制器控制中性灰，将上述四种颜色的油墨信号分别送至相应色别喷头的电极上，控制喷头喷射油墨。

其他标识系统

（1）DOI。DOI 是 Digital Object Identifier（数字对象标志符）的英文缩略语。它是在互联网上用于知识产权持续识别和相互交换的一个系统。

（2）互联网标识符：URN。URN 是 Uniform Resource Names（互联网标志符）的英文缩略语。它是一种可靠的基于国际互联网的解决方案。它可以取回任一资源本身。它是一种描述或这个文件会在哪里找到的一组统一资源定位码（URLs）。

（3）ISAN。ISAN 是 International Standard Audiovisual Number（国际标准音像作品编码）的英文缩略语，是为 ISAN 系统注册的每一个音像作品提供唯一的、国际化注册的、永久参考的编码。

（4）ISMN。ISMN 是 International Standard Music Number（国际标准印刷音乐作品编码）的英文缩略语，是用于对以印刷形态存在的音乐作品进行标志的编码系统。

（5）ISRC。ISRC 是 International Standard Recording Code（国际标准音像制品编码）的英文缩略语，是对音像制品进行标识的编码系统。

（6）ISSN。ISSN 是 International Standard Serial Number（国际标准连续出版物号）的英文缩略语，又称国际标准刊号，是为连续性资源（包括报纸、杂志、电子期刊、动态指南、年报等）信息控制、交换、检索而建立的唯一识别代码。

（7）ISTC。ISTC 是 International Standard Text Code（国际标准文本编码）的英文缩略语，是对文本作品进行唯一的、国际标志的数字系统。

（8）ISWC。ISWC 是 International Standard Musical Work Code（国际标准音乐作品编码），是用于音乐作品标志的唯一的、永久和国际性的编码系统。它只对作品进行标志，而不针对作品的表现形式、载体等（如出版物），也不标志唱片、活页乐谱和与演奏有关的其他形式。

二、纸的规格

目前常用的纸有正度和大度两种规格。正度纸规格为 787mm×1092mm，大度纸规格为 889mm×1194mm。另外还有不干胶的规格为 535mm×765mm 。无碳纸也有正度和大度的区分，但有上纸、中纸、下纸之分，纸价也不同。

经验提示

对于相同品牌与相同定量的纸张，正度纸与大度纸的价格是相通的，但是由于正度纸的面积约为大度纸的 81%，所以相同品牌与相同定量的正度纸的价格等同于大度纸的 81%。

例如：某品牌 157g/ ㎡大度铜版纸为 7800 元 /t，求大度铜版纸与正度铜版纸的令价是多少？

大度铜版纸的价格为 649.038（0.157×0.53×7800）元。正度铜版纸的价格为 526.578（0.157×0.43×7800）元。在这里 0.53 与 0.43 为两个系数，分别用于大度纸与正度纸的价格计算。设计师牢牢记住这两个系数，就能快速地计算出每令纸的价格。

三、纸的开本

每完成一个设计项目，都需要由设计者进行总体设计。设计师首先要根据项目的内容、性质、图文总量、读者对象设定适合的开本。“开本”是人们在形容书的大小的时候经常使用的词。作为一个预先设定的尺寸，开本决定了书籍视觉内容的比例和范围，并与书籍的类型、成本以及整体视觉效果有着直接的关联。

如果开本选用不合理，将使边料增加，纸张的有效利用面积减少。短行较多的书，如横排的诗集，用 32 开本，其切口及订口有很多空白，用纸较多。假如用狭长形的 36 开本，可以节约纸张。如果开本太小，折数和光边材料损耗也较多。为了便于印装，尽量不用或少用不规则的开本，这样可降低印装成本。

开本是用全张纸进行等分裁切后形成的幅面大小。纸张的裁切一般包括正开法、畸开法和套开法三种类型。

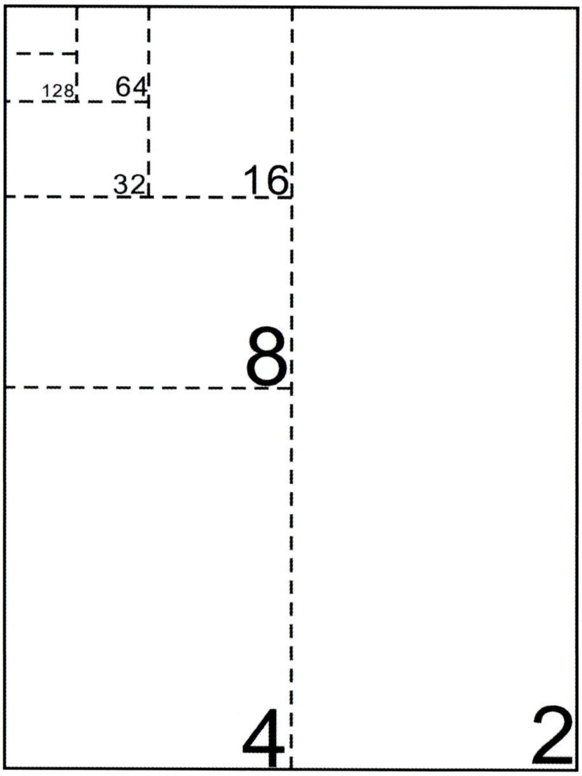

正开法

● 正开法

是以 2 为级数进行裁切的方法。形象地说，将全张纸对折裁切后形成的幅面称为对开或者半开，而将对开纸张再次对折裁切后形成的幅面称为 4 开，以此类推，常见的 32 开也就是将全张纸进行 5 次这样的裁切后形成的幅面。

畸开法

也称三开法、五开法、七开法，是不以 2 为级数的纸张裁切方法，因此可以形成其他比例尺寸的开本，如 12 开、20 开、28 开、36 开等。尽管也充分利用了全纸张的幅面，但这种方法裁切出的纸张有单双数之分，因此在书籍的后期印刷和装订中具有一定的局限性。

套开法

在一些有特殊需要的书籍设计中，开本尺寸往往需要自行设定，这种异形开本则需要通过套开法形成。相对于前两种纸张开法而言，由于尺寸的特殊性，套开法无法充分利用全张纸的幅面，在裁切的过程中多少会造成纸张的浪费，增加书籍的印刷成本，因此并不是最常用的、经济性的开本选择。

32 开本作为最常见的大众书籍开本，适用于文本类的书籍；16 开本则有着更多的“显示”面积，适合图文混合的书籍；而 4 开、8 开等大型的开本则能更清晰地还原书籍版面中视觉元素的细节，因此更适合以图像表达为主的书籍。字典、辞典等工具类书籍常常以 32 开以下的小开本形式出现。这种小开本轻巧便携，便于人们随时随地翻阅。

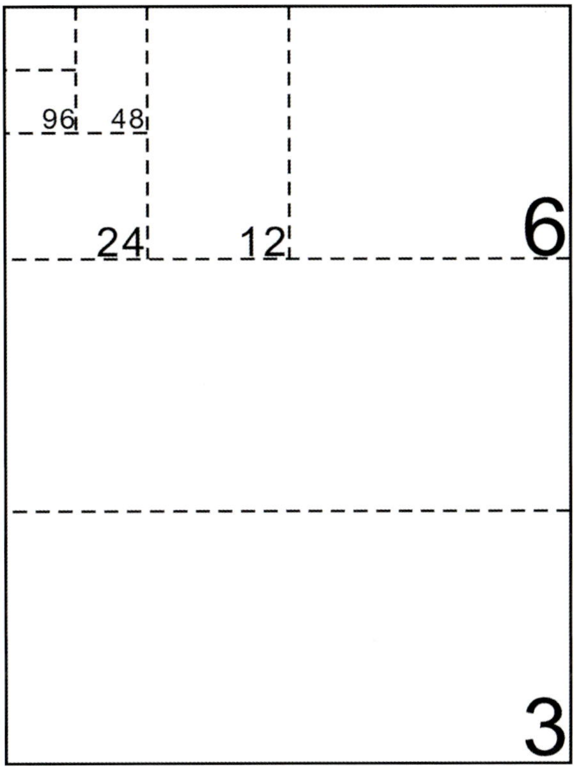

畸开法

经验提示

开本的方式多种多样，其主要的目的是合理地利用资源，避免浪费。设计师在设计开本的时候要做到心中有数，既达到符合项目的要求又做到避免资源浪费，这样的开本选择才是恰当的。

知识链接

国内常见开本尺寸（单位：mm）

开本尺寸（正度）：787 x 1092	开本尺寸（大度）：850 x 1168
2 开：736 x 520	2 开：570 x 840
4 开：520 x 368	4 开：420 x 570
8 开：368 x 260	8 开：285 x 420
16 开：260 x 185	16 开：210 x 285
32 开：184 x 130	32 开：210 x 140

本章练习：

1. 印刷按照印版形式可分为几类？各种印版分别适合印刷哪些产品？
2. 平版印刷的工作原理是什么？
3. 什么是印刷品开本？请列举几种常见的开本形式。

3.

第三章　印刷的前期工作

第三章　印刷的前期工作

本章重点

图像信息的处理
文本与图片的综合排版
拼版的方法

本章难点

拼版方法

建议课时

12 课时

本章引言

印刷的前期工作，也就是印刷稿件在送往印刷厂前所要做的事情，即图文设计、稿件制作阶段。很多错误的观念认为图文设计和成品印刷是两个独立的领域，其实印刷的前期工作完成的状态如何将直接影响到印刷是否能够顺利进行及印刷品最终的质量。本章内容就像一个导航标，将带领大家逐项了解文字信息的处理、图像信息的处理、文本与图片的排版及拼版的方法。

第一节　文字信息处理

一、文本的编辑及转换

文字、图形图像、色彩是一件印刷品诞生的三个主要元素。文字的输入、排版是印前工作的一个重要环节。

文字的输入主要有图形图像软件直接输入、排版软件直接输入，导入写字版中的文字及扫描输入文字四种形式。图形、图像及排版软件，都可对文字进行输入及编辑，但图形和图像设计软件针对的主要是标志性文字或图画文字，例如：书籍书名、广告标题、广告宣传语、文字图形设计等，可以对其进行特效字体设计，如水滴字、立体字、火焰字等。大量的文本文件还需在专业排版软件中完成。

扫描输入文字主要是通过扫描仪、数码相机等将文字原稿输入计算机，再由 OCR 文字识别软件将其转为文本。

- 图形、图像软件 (Photoshop CorelDRAW Illustrator)
- 排版软件 (Pagemaker 、InDesign)
- 写字板
- 扫描仪、数码相机等

→ 完成文字输入及编排

文本的编辑及转换示例图

Enris 招贴设计作品　标题及主要信息文字的设计是一幅招贴的点睛之笔，可快速有效地提升设计美感。此两幅作品的标题文字均可在图形图像软件中直接完成。Illustrator、CorelDRAW 两款位图软件是完成此类作品不错的选择。

知识链接

什么是字体创意

字体创意就是在字体设计中，力图使文字达到文化艺术和趣味娱乐的完美结合，增强字体的直观感染力和可视性，在观看欣赏的同时，给观者留下深刻的印象。

汉字的创意可运用象形、象声等构字方法，也可运用篆书、隶书、行书、草书等字体进行创意。

英文字体可根据内容、形式进行设计，方法灵活多变，形式自由。

圆润的曲线，突显可爱灵动。点的运用，更增添了俏皮。

案例直击： 高成·上海假日楼书设计

这是高成·上海假日楼书的设计作品。楼书设计是平面设计中实用性很强的设计领域，主要介绍楼盘的各种构成要素，同时体现开发商的实力等。楼书的设计一方面要求版式、色彩、图形图像要美观、精致，另一方面要求传递的信息真实、准确、可信。楼书在某种意义上是发展商对客户的宣传与承诺。

文字的编辑与转换应用灵活。标题性文字可直接在位图、矢量图软件中编辑。说明性文字可导入写字板中的文字。

文字的设计与编排在此起到了画龙点睛的作用，既传递了商业信息，又合理构建版面结构，点、线、面设计元素相得益彰。

二、文字的编排与使用

在排版过程中，设计师需要考虑文字的字体、字号、字距与行距等因素。综合、合理地运用文字的各种元素，会使设计作品产生非常好的视觉效果。

字体就是文字的形体。汉字中最常用的字体有黑体、宋体、楷体及各种字库字体。不同的字体可以体现不同的性格特征，如黑体的刚正硬朗、宋体的饱满丰腴、楷体的稳重舒适及各种字库字体的俏皮可爱、活泼俊秀，都为我们的设计提供了思想情感表达的平台。设计师要很好地利用这些文字。

字号就是字的大小。我国字号的单位有两种：点制和号制。国际上通用的是点制，而我国主要以号制为主，点制为辅。

字距就是字与字之间的距离。行距就是文字在每行之间的空白距离。字距与行距的调节，可增强版面的空间层次及形式美感。

专题：文本在各种软件中的使用

1. 文字在图形处理软件 Photoshop 中的使用

Photoshop 是 Adobe 公司最为出名的图形处理软件，但对于文字的编排并不占有优势，不适合大量的文本输入。虽然现在 CS 版本提供英文音节的换行功能，使中英文编排更加便捷，但因是点阵图软件，最终要以 TIFF 格式输出，所以如果字号较小，输出的印刷品边缘就会有锯齿出现，影响印刷效果。

经验提示

黑色文字的颜色设定

在设计图稿中，如果文字字号较小并为黑色，在印刷输出前，应注意把文字的 CMYK 值调整为 C：0%，M：0%，Y：0%，K：100%，因为在四色彩色印刷中，我们将套四版，如果不设置单色黑，很容易因为套版不准而出现重影。

在制作彩色喷墨稿件时，因不需四色套版而只需一次输出便可完成，单色黑有时会显得单薄而没有厚度，所以我们需要用复合色来完成，Photoshop 默认的四色黑就是很好的选择。

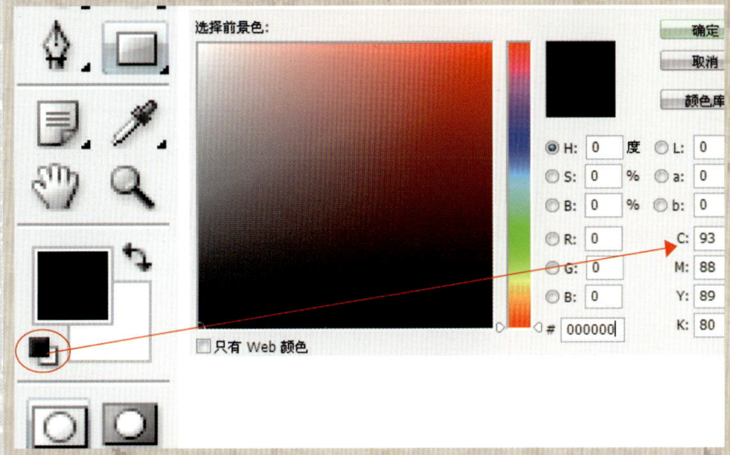

Photoshop 默认的四色黑为 C：93%，M：88%，Y：89%，K：80%。

Photoshop CS 软件提供了英文音节自动换行功能，方便了英文的输入。

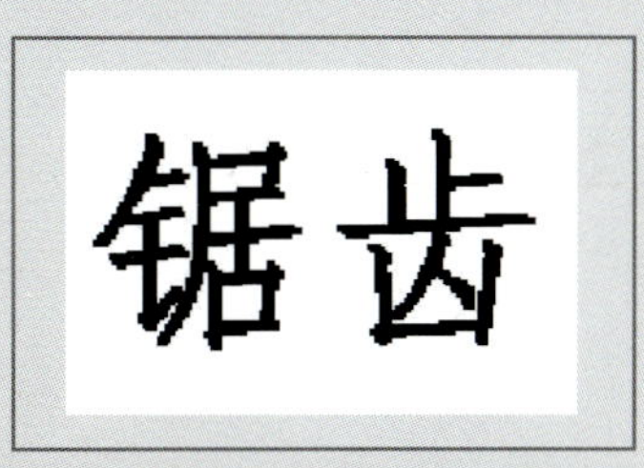

字号较小的文字如果在 Photoshop 软件中直接制作，要注意分辨率的设置，否则输出会有锯齿出现，严重影响印刷品质量和文字的可读性。用于印刷的图文一般分辨率应设定为 300dpi，而用于彩喷打印图文要根据实际情况进行灵活设定。

2．文字在图像处理软件 CorelDRAW、Illustrator 中的使用

CorelDRAW 和 Illustrator 是两款矢量软件，可以进行非常精细的图像设计和制作。但在输入和编排文字时，也要注意文字轮廓线不能太细。在 CorelDRAW 软件中，极细线可达到 0.076mm，但却不建议用在印刷中，因为过细的线条在转弯等曲线情况下，就会产生断线或虚线的情况。一般我们应采用 0.1mm 以上的线条。

3．文字在排版软件 Pagemaker、InDesign 中的使用

Pagemaker、InDesign 是专业的排版软件，都是 Adobe 公司出品的。2004 年后，Pagemaker 没有再开发新的版本，由 InDesign 所取代。对于文字的编排，体现出了独到的灵活性和专业性。

即时训练　请分析以下印刷品中应考虑那些印刷技术因素？

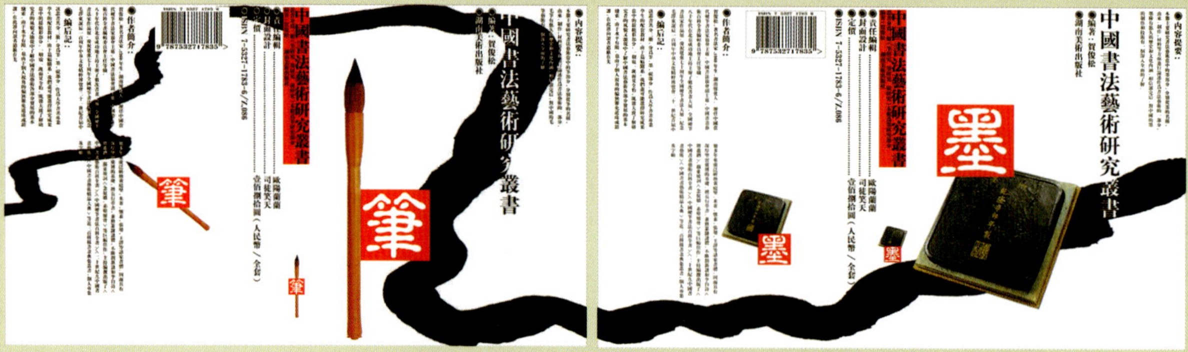

封面设计全景图——笔墨砚 作者：贺俊松

案例直击： El Lissitzky 的经典设计作品

这是 El Lissitzky 设计的招贴，整幅招贴完全由文字组成，字体的编排就是分析解读和传播文本。文本的思想、逻辑、大小、节奏，为字体编排提供了依据和可能性。字体编排设计师就是文本的导演，演绎着文本故事的悲欢离合。

案例直击：《The Creative Arms》杂志版式设计

随着经济的发展及人们审美水准的提高，设计师在图稿中运用镂空反白文字的情况越来越多。反白文字给人以醒目、明快、清新的视觉效果。大字号的字体反白印刷难度不大，但如果是小号文字，如下图杂志解说性文字，应用反白文字就加大了印刷难度，提高了印刷要求。

杂志采用表面光滑的铜版纸张做反白设计，清晰、简洁、干净。

背景色为复合色，色彩艳丽，设计师可选用专色印刷，反白文字清晰简洁。

经验提示　反白文字的应用技巧

在应用反白文字时，首先依然要考虑背景的用色问题。如前面所讲，背景如果是黑色应采用单色黑，如果一定要用多色的复合深色，那应该考虑用专色印刷，否则很难达到预期的印刷效果。其次要考虑印刷承印材料，表面光滑的承印材料是明智之选，例如玻璃卡纸、铜版纸等。新闻纸、瓦楞纸尽量不要做小字体或文字线条比较纤细的反白文字印刷，粗糙的表面会直接影响印刷效果，在报纸设计、包装设计中要尤为注意。

在一些特种纸张中，带有干涉光的纸面也不适合做反白设计，比如金卡纸、银卡纸等。此种纸张自带的光点会影响反白文字效果。特种纸张的造价很高，增加了印刷品的成本却没有取得较好的印刷效果，得不偿失。最后要考虑印刷设备。小字体或文字线条比较纤细的反白文字印刷，尽量采用套印精准的印刷设备，四色机在这方面要远远高于单色或双色机。

当背景为复合色时，要充分考虑到承印物的选择，尽量选择表面光滑、吸水性弱的纸张。

背景色为黑色，设计师尽量选择单色黑，有效地降低印刷难度。

即时训练 从下列作品中便可看出英国设计师 Alan Wardle 是个喜欢用反白文字进行杂志排版设计的人，那在欣赏以下这些作品时，也请同学们思考，这些反白文字的运用需要注意哪些我们所学的印刷事项呢？

Alan Wardle 杂志排版设计

案例直击：1950 年巴西世界杯海报

此世界杯海报，单色黑文字如果叠压在非白色背景上，需要进行叠印设置，否则一旦套不准会出现明显的白边。

1950 年巴西世界杯海报

文字图层模式为“正常”的情况下，印刷中 CMY 三色发片中，文字呈现纸本身的色彩，只有 K 版显示为黑色，一旦套印不准确，就会产生漏白现象。

为了避免这种现象的发生，设计师在做此类文字设计时，一定要注意把文字图层混合模式改为正片叠底，这样就可很好地解决这个问题。

知识链接 黑色文字的叠印技巧

单色黑（C：0%，M：0%，Y：0%，K：100%）文字的背景如果是彩色的图片，那么印刷叠印漏白也是设计师需要注意和考虑的问题。四色印刷中，在文字图层混合模式为正常的情况下，CMY三版中文字显示的为纸色，即纸本身的色彩，只有K版显示的是黑色，印刷后经常会出现白色的边缘，如出现套印不准确的情况，印刷后就会产生非常严重的文字漏白现象。那么在Photoshop和Illustrator中，我们一定要注意改变文字图层的混合模式为“正片叠底”，以避免印刷过程中套印不准，C、M、Y三色版出现镂空现象。

在CorelDRAW软件中，我们可以在导出EPS文件时，设置文字的叠印。

深色调背景上的黑色文字看似简单，却要更为注意漏白现象的出现，否则会严重影响设计效果。

即时训练

运用我们所学的知识，思考在这两幅作品中，文字都需要做哪些技术处理？

宋体字的运用使画面更显清秀怡人，看此作品似乎能闻到清晨露水的芬芳。较细笔画和较小字号的文字，为避免套色不准出现重影而采用单色黑印刷，但同时要考虑当背景不是白色时，文字要补漏白。

案例直击：油墨的叠印技巧

如果印刷品应用金色、银色等不透明油墨印刷，可以不考虑图像镂空，直接叠印就可以。

具有透明性的色彩，叠加颜色后，会在色彩重叠区域呈现两色的混合色。

英国《FUTU》杂志装帧设计

如果选择具有透明性的纯色，而在专色下又有色彩较深的底色，如果不镂空图像或文字，那么叠印出来的色彩就会呈现两种颜色的混合色，需要考虑两色混合后的效果，可能生成高级灰色，也可能是比较脏的一款颜色。设计师要着重考虑这个问题。

如果背景色为浅色，专色图像或文字为深色，可以不镂空，直接叠印出混合的色彩。

经验提示　专色的设置及应用

专色油墨是指除了黄、品红、青、黑四色墨以外的预先调配好的特定彩色油墨。专色油墨丰富和填补了印刷中四色墨无法呈现的印刷品色彩，也为特殊工艺提供了技术上的保障。

专色油墨的应用，可以很好地解决印刷色彩中的一些问题。

1. 特殊色的应用：在印刷品中，一些特殊色彩都是由专色来完成的，比如荧光色，金属色，CMYK 无法呈现的、超出色域的明亮红色、黄色等，极大地丰富了印刷品的色彩表现区域。

2. 表达色彩的准确性：专色是预先调配好的专用色彩，不容易出现色彩偏差，所以如果一个品牌长期使用一种标准色，就可以考虑专色印刷，保证色彩的统一性和长久一致性。专色还因为是一个专色版进行印刷，一种颜色一次套版就可完成，所以在很多单色底留白文字印刷品中，被设计师广泛应用，可以很好地避免四色套版不准确导致留白文字的鬼影现象。

3. 实地性：专色一般不加网，定义为实地色。

4. 专色的透明性和不透明性：专色印刷时，油墨的透明性和不透明性是设计师需要考虑的一个问题。金色、银色、含有不透明的白色和黑色的油墨相对不透明，而纯色和用 CMYK 油墨调配出来的专色相对是透明的。

第二节 图像信息处理

一、图片的输入

图片在印刷品中占有举足轻重的地位，影响着印刷品最终的效果。符合要求的图片确保了印刷品质，可以起到事半功倍的效果，反之，质量差、模糊不清、像素和大小不符合要求的原始稿件，将给印刷带来不可弥补的损失。

图片的输入主要有扫描仪输入、数码相机输入两大手段。

爱普生 V700 专业照片扫描仪

清华紫光扫描仪

尼康 D90 数码相机

二、图片的调整与制作

图片的调整主要涉及图像的层次、色彩及清晰度几大方面。

1. 图像的层次调整

图像的层次是指画面的明度、纯度的对比程度。调值混淆、对比混乱的图片，看起来模糊不清或平白没有层次感。在 Photoshop 中色阶和曲线工具都可以调整图像的高光值和暗调值，来避免出现这种状况。印刷时，CMYK 取值范围是 0%—100%，0% 为最亮色阶，100% 为最暗色阶。图像原稿中高光处比 5% 更亮的色彩区域是印刷不出来的，这样图像高光区域的层次就会丢失，呈现出纸的本身色彩，同理，在 95% 以上的暗调区域也会被印刷成 100% 的黑色，影响图像本身的层次感。为了减少这种情况对图像的影响，我们可以在 Photoshop 中，利用色阶或曲线工具进行调整。

色彩模式为 CMYK 的图像，用“Ctrl+L”调出色阶工具或在菜单栏中找到“图像—调整—色阶”工具，双击吸管设置黑场和白场的极点数值，数值大小要视图像而定，设置好后，在图像超出印刷色彩区域的高光和暗调位置上点击，重新进行印刷高光和暗值的设定，从而校订图像的印刷层次。曲线工具和其原理方法一致。

知识链接 **色彩的色相、明度、纯度**

色相：

顾名思义即各类色彩的相貌称谓，如大红、中黄、湖蓝等。色相是色彩的首要特征，是区别各种不同色彩的最准确的标准。

明度：

是指色彩的明暗程度。白色明度最高，黑色明度最低。不同色相的明度也不同，黄色明度高，红、蓝色明度低。

纯度：

是指色彩的纯净饱和程度。不同色相的颜色，不掺入其他成分的颜色，则是最为饱和的纯度。色彩纯度的高低强弱是由混入其他杂色多少所决定的。纯度也称彩度，这是与黑、白两色相比而言的。黑、白为无彩色。

案例直击：雪景照片图像的层次调整

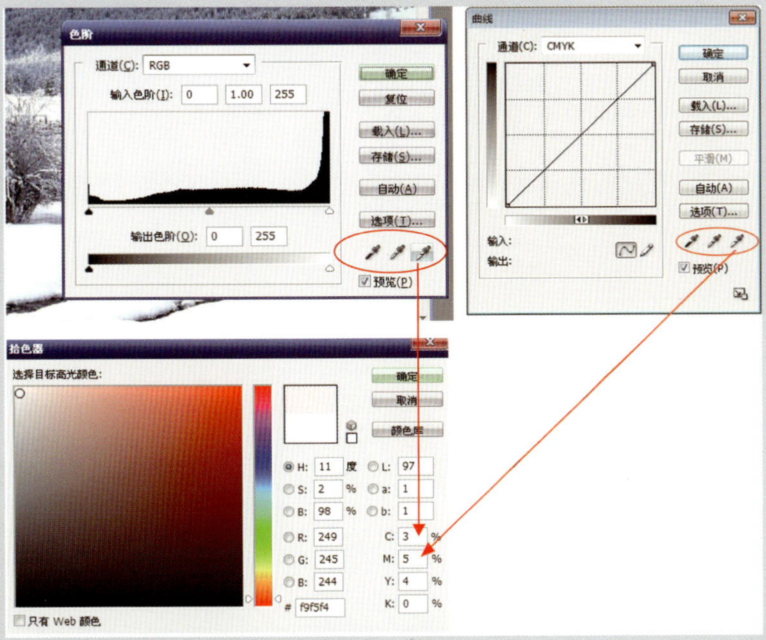

大面积的雪景会使画面层次感很弱。高光处 CMYK 数值小于 5，在印刷中色彩层次就会丢失，我们需要对画面进行色彩调整。在 Photoshop 中，菜单栏中找到“图像—调整—色阶工具”（Ctrl+L），调出色阶工具。双击设置白场的吸管，在 CMYK 数值框中填入适当的数值，或直接在色彩拾取器中拾取适当色彩，点击确定后，回到画面，用吸管点击超出印刷色彩区域的高光处，则对图像高光色彩进行了重新设定。（Photoshop 中，曲线工具和其原理方法一致。）

2. 图像色彩的校正

图像色彩的校正是印前工作的一个重要环节。扫描仪、数码相机、显示器提供或呈现的图像为RGB 色彩模式，但在印刷出图时，色彩是油墨印刷到承印物上，由色料表达的颜色，CMYK 是其色彩模式。RGB 和 CMYK 两种色彩模式的转换是印前图形校正需要特别注意的问题。因为两种色彩模式是在不同的色域空间，RGB 的色彩范围要大于 CMYK，而超出印刷色域的色彩称为溢色，是印刷不出来的，所以从 RGB 色彩模式转换成 CMYK 色彩模式，颜色要变得灰暗一些。

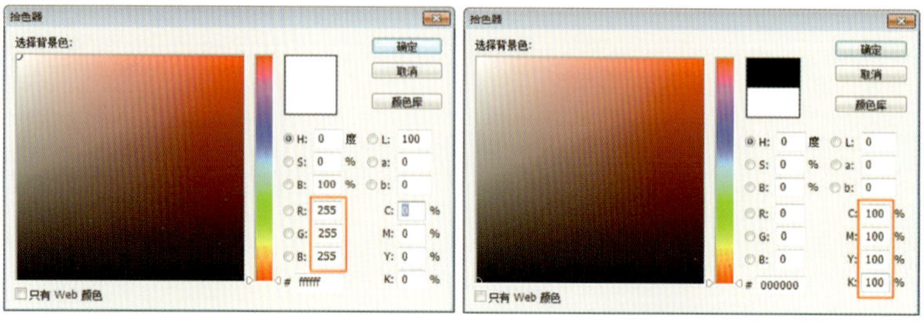

RGB 色彩模式和 CMYK 色彩模式的取值范围

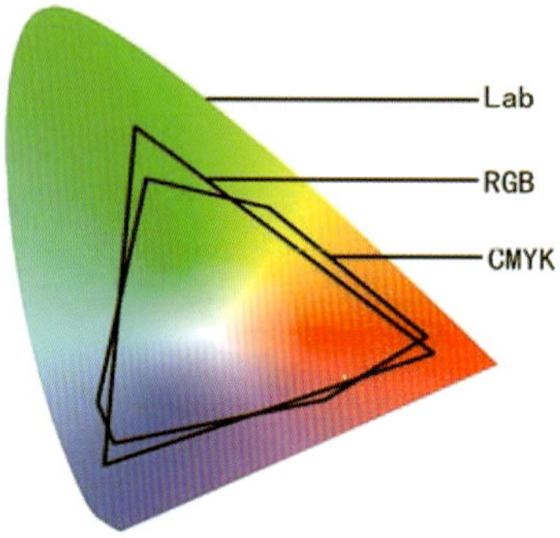

Lab 色彩模式混合

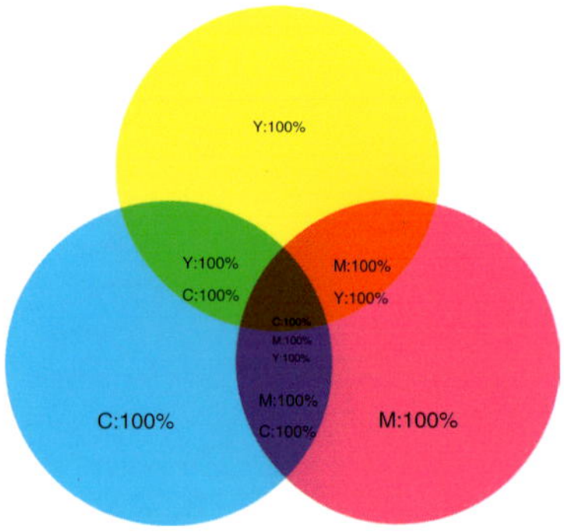

CMYK 色料混合

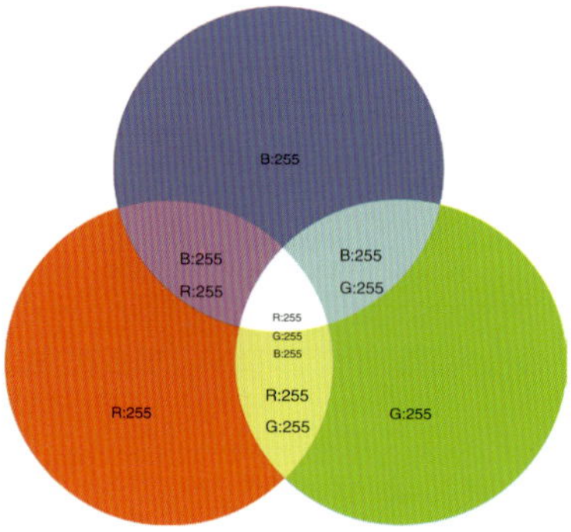

RGB 色光混合

由上图我们可以明显地看出，RGB 和 CMYK 两种色彩模式的色域范围。Lab 是一种很好的色彩模式，色域范围大，色彩亮丽，但却是理想状态下的色彩模式，在实际应用中大范围的色域值无法印刷出来。

知识链接　RGB 、CMYK、Lab 色彩模式

RGB 色彩模式

RGB 色彩模式是色光表色模式，R（红色）、G（绿色）、B（蓝色）为三原色光，是一种加色模式，取值范围是 0—255。

CMYK 色彩模式

CMYK 色彩模式是油墨表色模式，C（青色）、M（品红）、Y（黄色）为油墨的三原色，是减色模式，取值范围是 0%—100%，按油墨调配的百分比混合。理论上 C、M、Y 三种油墨混合可以达到黑色，但现实中油墨无法提纯到这个程度，只能达到复合的深色，这样印刷出来的黑色灰暗，影响了图像色彩的还原性。为了解决这个问题，增加了一个 K 值：黑色。

Lab 色彩模式

Lab 的色彩模式是 L 表示照度，控制亮度和对比度，a 通道包括的色彩是从深绿（低亮度值）到灰色（中亮度值）到亮粉红色（高亮度值），b 通道包括的颜色是从亮蓝色（低亮度值）到灰色（中亮度值）到焦黄色（高亮度值）。

三、陷印的技巧及应用

陷印也叫补漏白，是通过相邻颜色的扩展或收缩，使两种颜色稍有重叠，弥补因印刷套印不准而造成不同颜色之间出现的白边。陷印技术为版面复杂、专色使用较多的印刷品提供了质量保障。

陷印是一项相当复杂的工作，陷印值的确定、陷印色的调整都至关重要。实施陷印是有一定原则和技巧的，总体来说，就是将平均密度较小的颜色扩展到密度较大的颜色中去，这样可以保护图像的完整性与细节。比如，深色和浅色，我们一般扩展浅色，而不扩深色；平网和实地，我们一般扩平网而不扩实地。当然，有时也可能两种颜色进行互扩，甚至反向陷印，这要具体情况具体分析。

陷印在常用出版软件中的应用

在印刷品不是很复杂的情况下，我们可以进行手动陷印，即把图像进行适当的扩展或收缩。图像处理软件 Photoshop，图形处理软件 Illustrator、CorelDRAW 及排版软件 Pagemaker、InDesign 都支持手动陷印处理功能。

1. 图像处理软件中的陷印处理

图像处理软件用点阵方法描述图像信息，陷印处理功能也是采用点阵方法实现。

Photoshop CS4 中的陷印处理：

PhotoShop CS4 软件为我们提供了非常简单的陷印操作。印刷品色彩模式为 CMYK 四色，所以在 CMYK 模式下， PhotoShop 软件可以对整个图像中的相邻颜色进行陷印。举个简单的例子，建立色彩模式为 CMYK 的新文件，填充绿色，输入“陷印”文字，填充红色，合并图层，执行菜单栏中“图像—陷印”命令，出现陷印对话框。对话框中宽度数值应填入希望陷印的宽度，也就是印刷时色版偏移量，其数值大小是四色印刷套印误差的总和。我们填 2—3 像素即可，点击确定，得到如图所示效果。软件会自动进行扩张或收缩图像处理，我们可以清晰看到文字和背景临界边缘出现两色混合色彩。由于这是基于像素的陷印，所以也能对导入的 EPS 图像和渐变对象生成陷印边，但陷印方向不定，且边缘模糊，生成的直角陷印边在拐角处容易出现断裂。

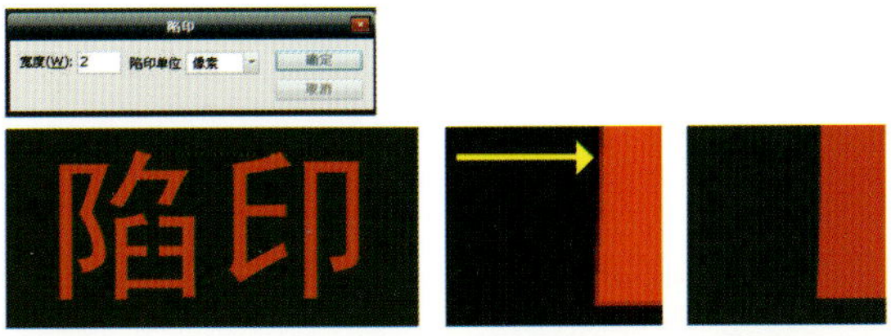

2. 图形处理软件和排版软件中的陷印处理

图形处理软件和排版软件是基于矢量方法处理陷印的，针对矢量图形和文字在两种不同颜色的边界上，浅色向深色扩展，形成新的边界线。

CorelDRAW 中的陷印处理：

CorelDRAW 是我们印前经常应用的一款非常优秀的矢量软件。执行菜单“文件—打印—分色”命令，设计师可以选择是在 RIP 中陷印、叠印所有颜色还是用自动扩展补漏白。

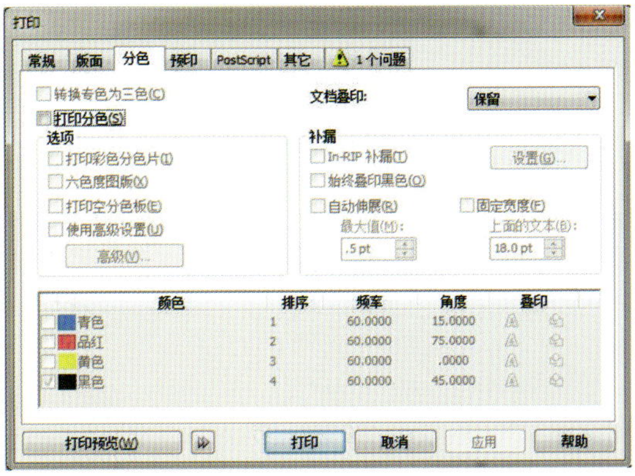

CorelDRAW 中的 RIP 陷印、叠印

Illustrator CS3 中的陷印处理：

选择两个以上图形或文字，执行菜单栏中“窗口—路径查找器”命令，在“路径查找器”右侧弹出式菜单中选择“陷印”。“陷印”对话框中“粗细”数值的大小主要取决于印刷承印纸张和印刷设备。“高度 / 宽度”比是指水平陷印和垂直陷印的比例制版，由于纸张伸缩等原因所造成的水平和垂直陷印值大小不一致，可通过设置此数值进行补偿。“色调减淡”值控制陷印的色调，一般情况下我们默认值为40%。选择“印刷色陷印”选项，将建立较亮的颜色陷印到较暗的颜色中，选择“反向陷印”则把较暗的颜色陷印到较亮的颜色中。

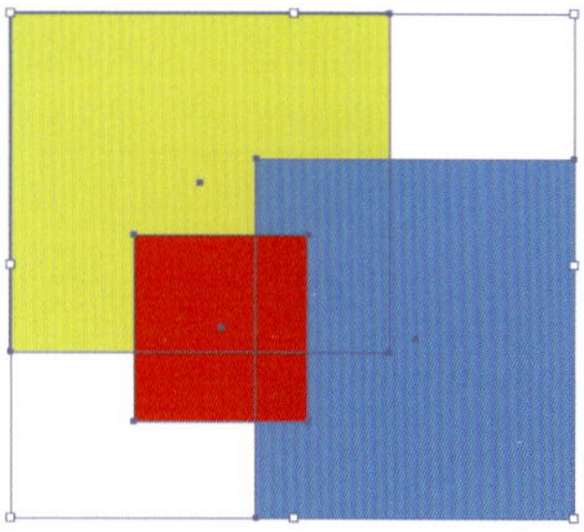

先要选择两个以上图形，使其处于激活状态。

路径查找器窗口，找到陷印命令。

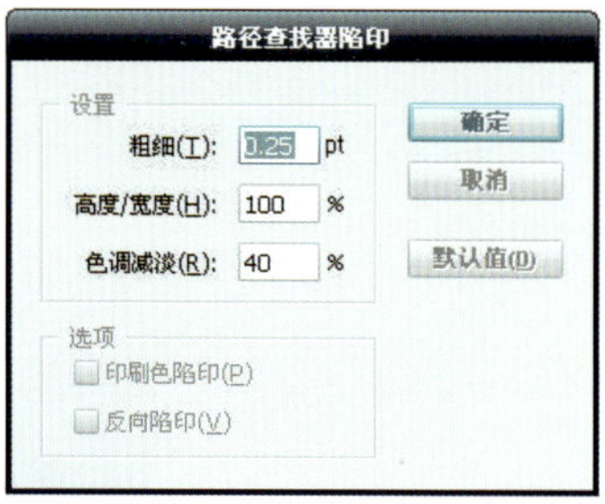

输入适当数值，点击确定，完成陷印设置。

完成陷印后，颜色呈现叠加状态。

3. Pagemaker6.5 中的陷印处理：

PageMaker 提供一种对整个版面文字和图形的自动陷印功能。它不能针对特定对象设定陷印值。执行菜单栏中“文件—陷印参数”命令，陷印参数对话框在 PageMaker 中可以分别对补漏白宽度、颜色步长阈值、中线阈值、文本点数和黑版限量进行设置。

CorelDRAW 和 Pagemaker 都不能对渐变对象以及导入的图像补漏白。

InDesignCS4 中的陷印处理：

InDesignCS4 中，执行“窗口—输出—陷印预设”命令。单击“陷印预设”面板底部“创建新陷印预设”按钮，创建新的陷印样式。双击“陷印预设 _1”样式，打开“修改陷印预设选项”对话框。“默认”可以设置除了黑色以外的所有颜色的陷印宽度。“黑色”设置黑色边缘与下层油墨之间的距离。打开对话框可以看到默认值是 0.176 毫米，我们通常可以设置到 0.260 毫米到 0.350 毫米左右。“连接样式”中有“斜接”、“圆形”和“斜角”三个选项，控制颜色陷印交叉点连接处的外观。“终点样式”中“斜接”“重叠”选项控制转角处陷印外观。

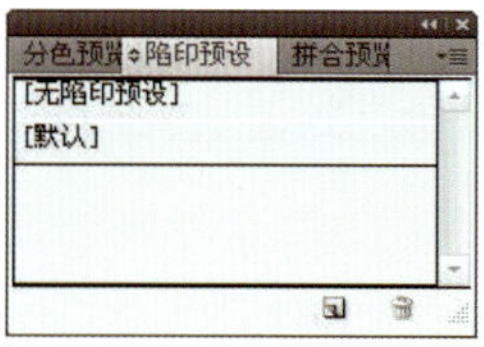

“陷印预设”调板

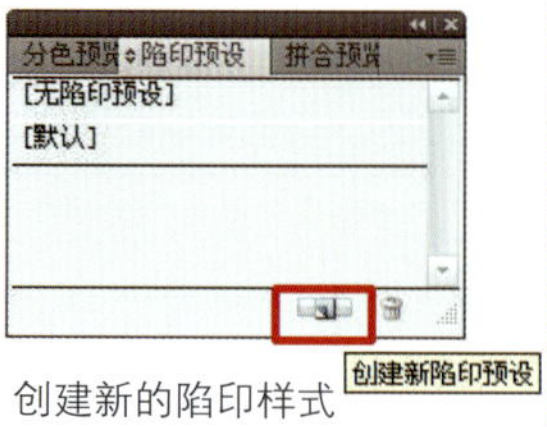

创建新的陷印样式

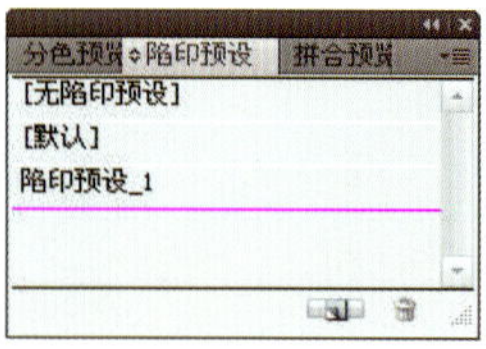

创建新的陷印样式

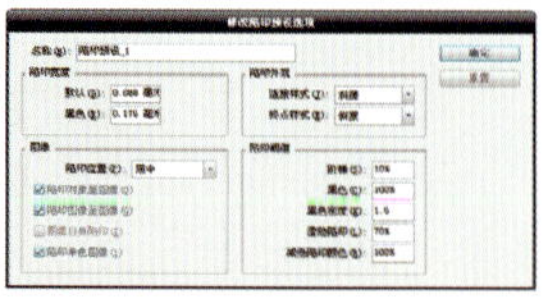

“修改陷印预设选项”对话框

陷印预设完成后，我们打开“指定陷印预设”对话框，选择我们所设置好的陷印预设值，选择需要陷印的页数，单击“确定”完成陷印。

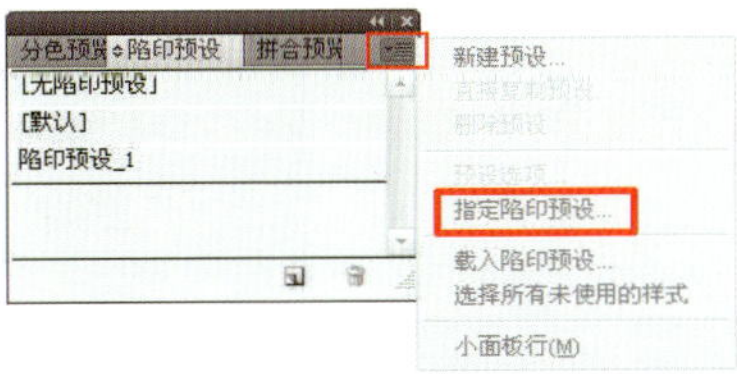

“指定陷印预设”对话框

“陷印预设”对话框

国外创新海报文字排版

细小的文字和细线不要使用复合色，最好用压印，而不用陷印。

大面积黑色挖空时，需要陷印。但有细小的黑色信息叠印时，不需陷印。使用厚重黑轮廓的图形不用做陷印。

在四色印刷中，相邻的颜色若都为单色，需要陷印，若都为复合色且不共享任何套版色组分时，也需要陷印。例如颜色 1 为 C100、K50，颜色 2 为 M100，因两者不共享任何套版色组分，因此要做陷印。

即时训练

运用我们所学的知识，思考在这两幅作品中，哪些图文需要我们做陷印处理。

《Who》书籍装帧设计 美国设计师 Allison Wilton

经验提示 陷印的注意事项

随着计算机技术的发展，数字陷印技术已经成为实现高质量印刷的一种强有力的必不可少的手段。在版面复杂、专色使用较多、手工陷印几乎不太可能的地图印刷中，数字陷印技术发挥了尤其重要的作用。但陷印是一项相当复杂的工作，陷印值的确定、陷印色的调整都往往需要专业印刷人士进行指导。因此，在进行数字陷印时，对以下几点还应多加注意：

1. 多色印刷中，专色与其他色相邻，必须做陷印。
2. 陷印的宽度应根据不同的对象进行调整，以保证图形轮廓的完整性。

经验提示

适合于Photoshop排版的此类设计作品，文字字号比较大，图片以点阵图为主，图片进行处理后，可直接在Photoshop中排版。

点阵位图、艺术文字及背景特效处理，都决定了此作品应该在Photoshop软件中进行制作排版设计。

第三节　文本与图片综合排版

排版就是版面编排，把文字、图片、图形等设计元素，按照一定的视觉美学规律进行排列组合。设计师在进行排版工作时，除了需要具有良好的美学修养，还需要有很强的软件操作能力和印刷实践知识。

一、位图软件中排版

位图软件中，Photoshop主要是图片处理软件，但因其文件比较大，修改比较麻烦而且小字号的文字容易出现锯齿等特点，不经常用于版面编排。只有在字体、图片特效比较多的海报招贴中，我们才用Photoshop进行比较简单的排版。

二、矢量软件中排版

CorelDRAW、Illustrator是两款非常好的矢量绘图软件，主要用于绘制标志、卡通及各种矢量图形。在CorelDRAW中排版，虽然软件有很好的页面排版设置，但页数不宜太多，适合20P（20个页面）左右的小宣传册。如果图片太多，文件太大，电脑的运算速度是相当慢的。我们可以用“文件—通用—标准”设置，这样可以有效地减少显示刷新的时间，来提高电脑运行速度。

在拼版中，要注意检查版面中是否有PSD文件的图片置入，是否有CorelDRAW应用特殊效果的文字或图形，如果有，应及时转为位图，否则在拼版过程中，对图形对图片进行旋转，会造成图像丢失、发排错误等，为我们带来不必要的损失。

Illustrator是Adobe公司出品的一款矢量软件，所以和Photoshop兼容得比较好，很多操作和快捷键都相同，在此不过多赘述。

三、排版软件中排版

Pagemaker和InDesign是Adobe公司出品的专业排版软件，InDesign是Pagemaker的延续。虽然Pagemaker在7.0后再没有更新版本，但这个软件的市场占有率是非常大的，现在很多公司依然习惯用这个软件来进行版式编排。Pagemaker软件设置简单，容易学习和操作，适合排大量的文字稿件，并能够遵循文字符号的语法规则和符号禁忌。在Pagemaker中进行版式编排尤其要注意所用图片与Pagemaker的链接关系。这种链接关系的使用对计算机配置要求较低，有利于提高效率，特别适合大量页数的书籍排版。设计师编排完版式后要对文件进行打包，打包后会自动生成 Link 文件夹，所有的链接图片会自动存入此文件夹中。将文件交给印厂或图文公司时要再次核查，以防图片缺失。InDesign 是更为优秀的一款排版软件，不但拥有非常好的文字排版功能，对图片处理也显示出了自己的优势。它在排版时，图片的插入方式与 Pagemaker 相同，也是一种链接关系。设计师使用该软件进行排版后同样要进行打包操作，方法及注意事项同上。

澳大利亚 Katja Lambert 品牌设计

经验提示

图稿中的特效滤镜处理效果，尽量在 Photoshop 中做好，存成 TIFF 格式，再置入矢量软件中。虽然现在矢量软件的高版本中，已经非常强大地增加了滤镜工具，为设计提供了很多的方便，但这些复杂的运算，用 CorelDRAW 直接 RIP 发排时，常常会出错，所以还是慎用。一旦应用了这些滤镜效果，最后一定要记得转为位图图片，这样就可以很有效地解决这个问题。

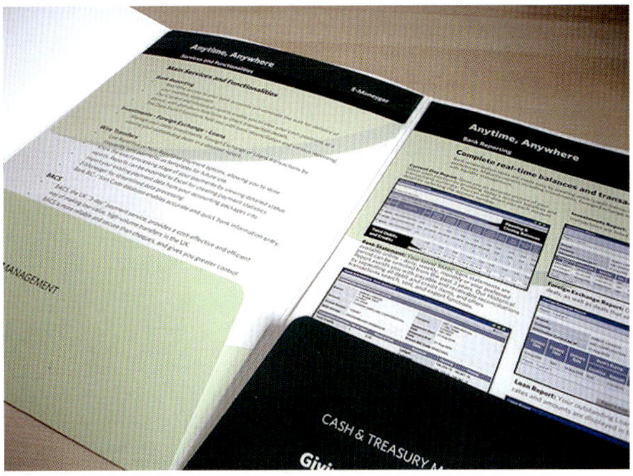

日本杂志版式设计

国外版式设计欣赏

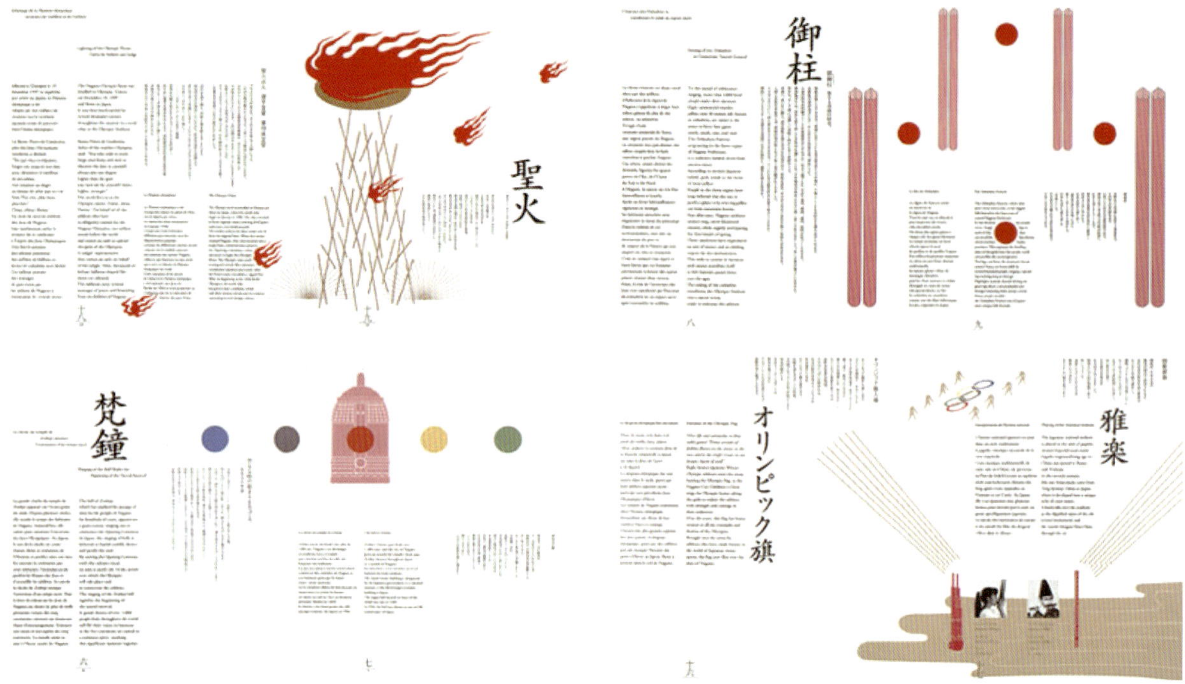

日本设计师的作品
文字图形的编排设计，在画面中形成了点、线、面的视觉效果，体现出良好的节奏感和律动感。

知识链接

版式设计起源于英国人威廉·莫里斯最先倡导的一场工艺美术运动。在平面设计中，应用版面的编排来引导视觉流程。版式设计是技术与艺术的完美结合与高度统一，是设计师必备的专业技能。

版式设计的主要编排形式法则

一、单纯与秩序
二、对比与和谐
三、对称与均衡
四、节奏与韵律
五、虚实与留白

版面设计的编排构成

一、点的编排构成
二、线的编排构成
三、面的编排构成
四、骨骼设计（分割设计）
五、自由构成

版面设计的视觉流程

一、单向视觉流程
二、曲线视觉流程
三、重心的视觉流程
四、反复的视觉流程
五、导向的视觉流程
六、散构的视觉流程
七、最佳视域

建议阅读书目：

《版式设计》作者：杨敏编著
出 版 社：西南师范大学出版社
出版时间：2006.8.1
《版式设计创意指南》作者：钱永宁 编著
出 版 社：上海科学技术文献出版社
出版时间：2009.4.1

第四节 拼版

一、拼版的概念

在学习拼版前，我们必须先了解印刷中经常要涉及的一个术语——折页（折手）。折页是将印刷好的大幅面印张按照其上所标页码的顺序和规定的幅面大小，用机器或手工折叠成书帖的工作。我们在拼版过程中，必须要明确折页的折叠方式及方法，才能根据出版物的开本、页数及装订方式做合理的拼版。

折页一般有平行折页法、垂直折页法、混合折页法三种方式。平行折页法在折叠过程中只有平行折线，适合做产品宣传册、广告、DM 等。垂直折页法前折和后折的折缝呈垂直交叉状态，书籍、杂志的印刷大多用此折页法。混合折页法是同时运用平行和垂直折页法的一种综合的折页方法。

拼版，就是把图文信息页面，遵循纸张的折页方式按照页码的顺序编排、拼合成符合印刷要求的版面。拼版是印前非常重要的一项工作。拼版的正确、合理与否，直接影响印刷折页及装订的效率以及印刷费用高低和印刷品最终的质量。

平行折页
这种折叠法适用纸张非常广泛，易于操作，即使比较厚的纸张也能折叠出较好的效果，不易产生褶皱。

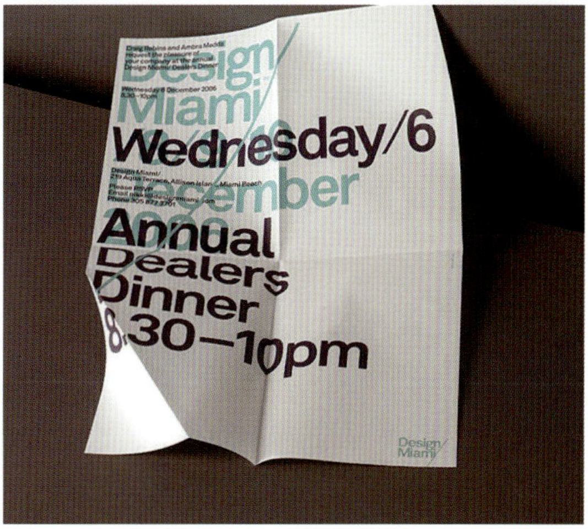

垂直折页
此折页法是书刊中应用最广泛的一种折页方法，易于掌控折数与页数，方便配帖与装订，但由于是多次连续交叉折叠，如果纸张的厚度和硬度过高，非常容易在折角处起皱，影响印刷品的质量。为了避免这种情况出现，我们可以在折叠前先在折线上打裂线。

二、印版的三种设计形式

印刷品分为单面印刷和双面印刷。根据不同的要求，我们把印版主要分为正反版、自翻版和滚翻版三种设计形式。

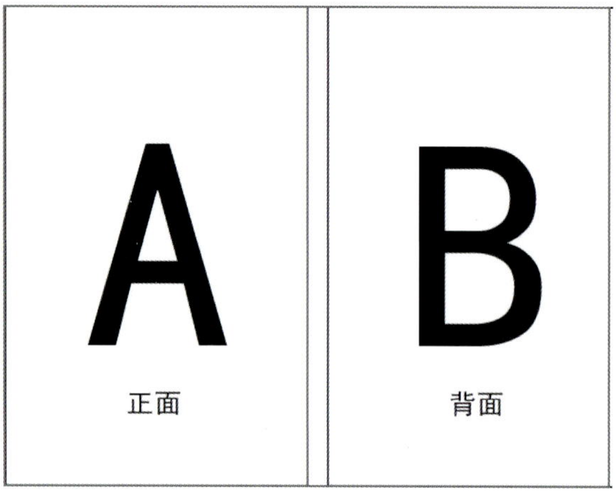

正反版
用两块印版正反分别印刷，需要制作两套印版，通过纸张横向翻转的方式正反各印刷一次。

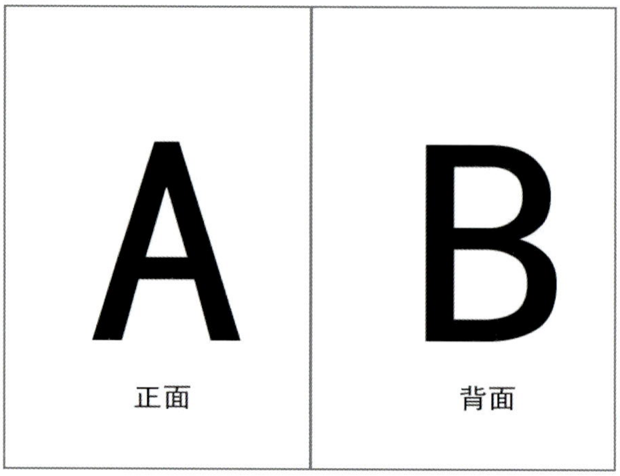

自翻版
承印物正反两面的图文信息，按左右摆放在一个印版内。一面印刷完成后，印版不动，将承印物左右翻转印刷另一面。全部印刷完成后，在承印物的中间进行裁切，完成印刷过程。

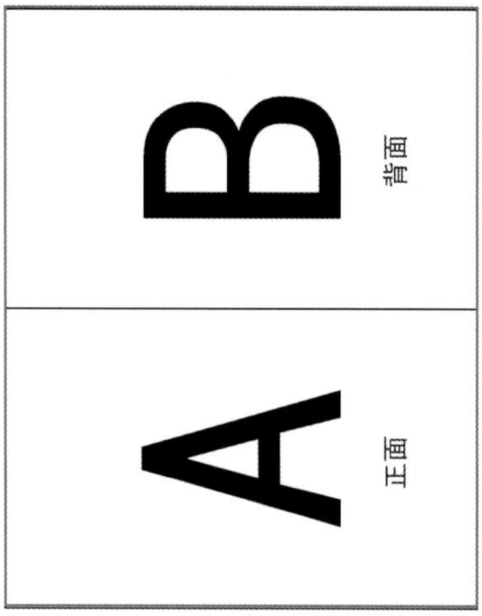

滚翻版
承印物正反两面的图文信息，按上下摆放在一个印版内。一面印刷完成后，印版不动，将承印物前后翻转印刷另一面。全部印刷完成后，在承印物的中间进行裁切，完成印刷过程。

经验提示

1. 我们在印刷中，经常使用正反版和自翻版。没有特殊情况，是不建议使用滚翻版的，因为滚翻版在前后翻版印刷中，由于纸张前后翻动，就需要留出两个咬口位置，且规矩不准，不容易操作。

2. 相对于自翻版和滚翻版，正反版由于增加了印版数量，所以从经济的角度来看，没有自翻版和滚翻版节约开支。

案例直击：各类折页步骤展示　大度16开书刊内页折页步骤展示

步骤一

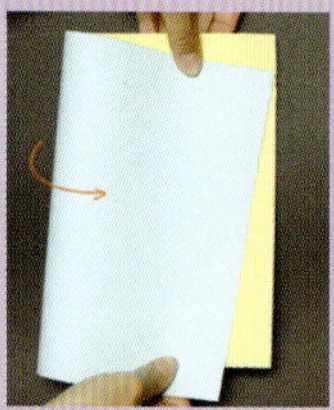
步骤二

步骤三

步骤四

步骤五

步骤六

步骤七

步骤八

三、常用拼版示例分析

印刷的页面拼版编排有头对头、脚对脚、肩并肩等方式。一种简单易理解的方法就是我们用 A4 的纸，进行对折，根据我们所需要的页面数，折叠出相应的折页数，最后在每页右下角，标注好页码，再展开就是我们所要拼版的方向及顺序。

大度 16 开正反单页拼版

大度 16 开单页净尺寸为 210mm×285mm，加上 3mm 的出血宽度后，页面尺寸为 216mm×291mm，我们可以根据印刷机，拼成 8 开或 4 开版。拼版时要注意，如果页面的色彩差异比较大，尽量把同类色摆放到一起进行编排，这样可以有效地避免印刷脏版，避免出现模糊及重影现象。

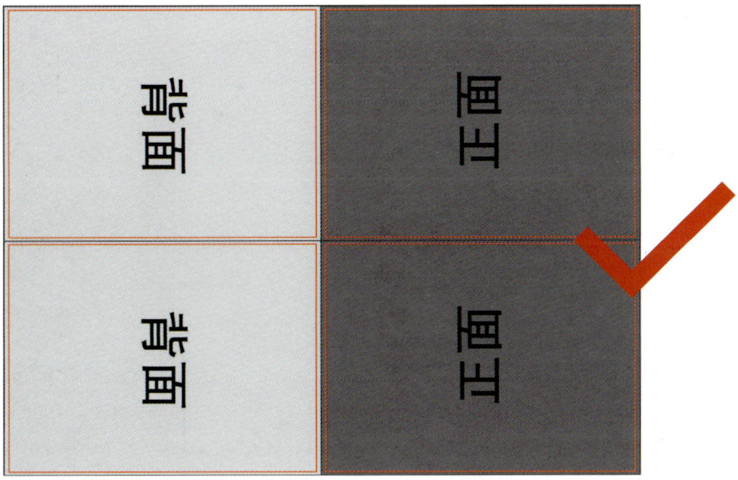

此图是比较好的拼版方式。同类色摆放在一起进行编排，可以减少印刷难度，有效避免印刷时脏版。

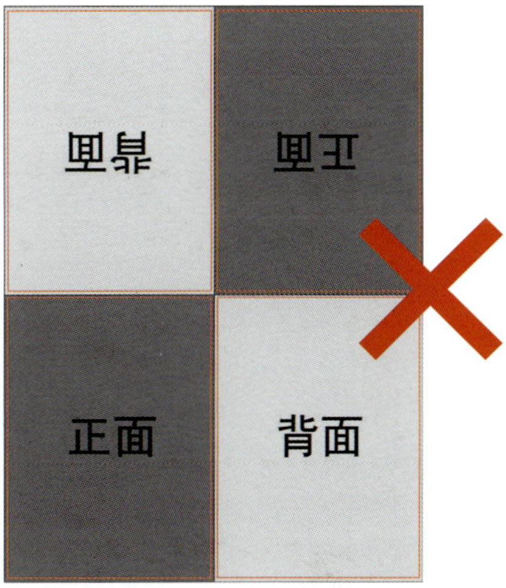

此图情况要避免出现。如果色彩差异较大图片进行混排，很容易在印刷翻版中重色油墨挂在机器上而又印刷到浅色图片上出现脏版现象。

步骤九

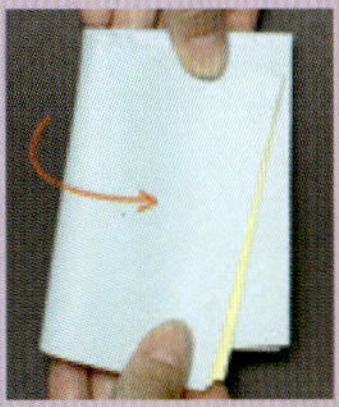

步骤十

步骤十一

步骤十二

步骤十三

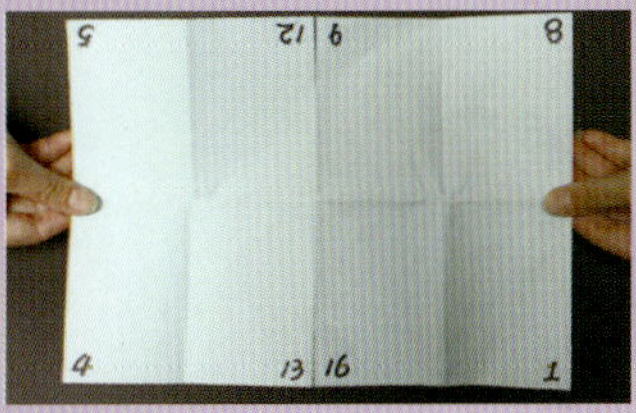

正面展开

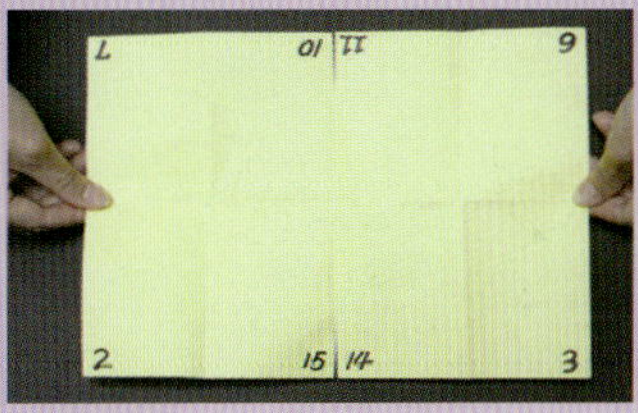

背面展开

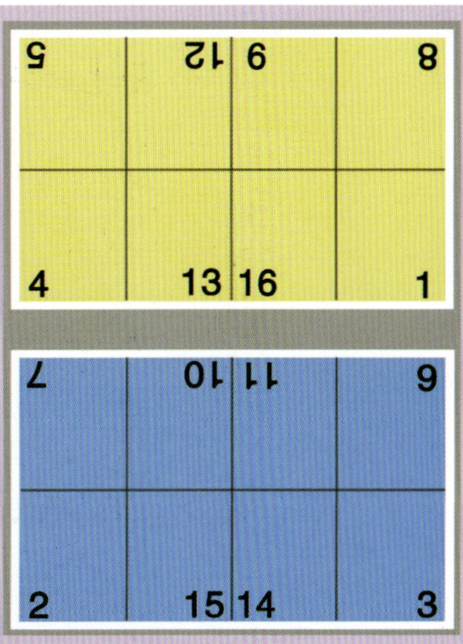

展开后的页码位置

反开本折页步骤展示

步骤一

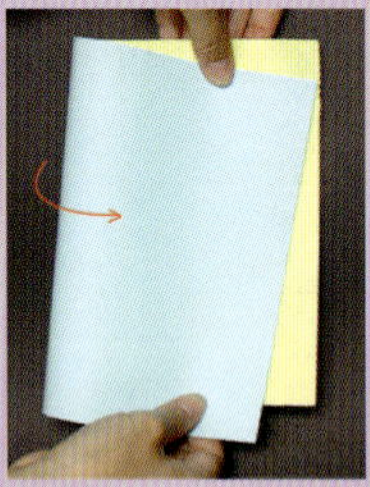
步骤二

步骤三

步骤四

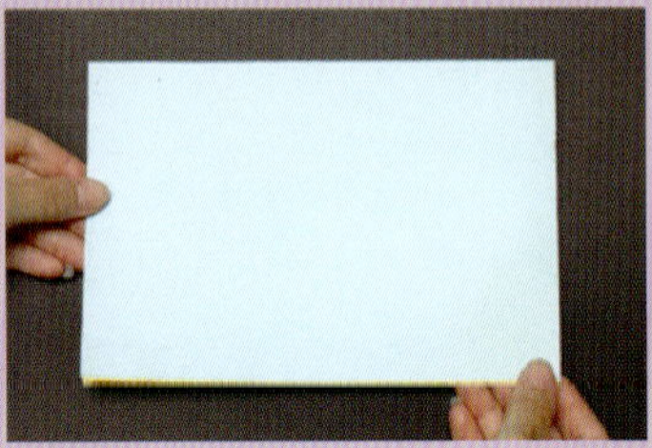
步骤五

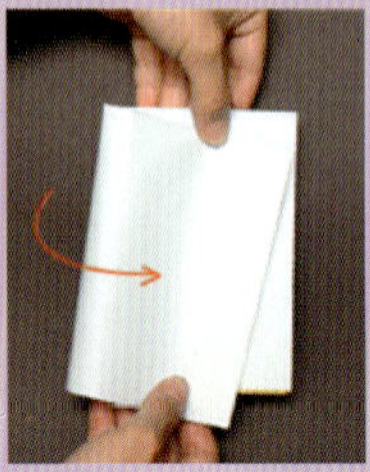
步骤六

步骤七

步骤八

步骤九

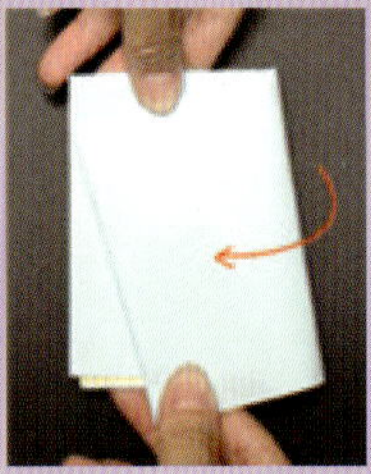
步骤十

步骤十一

步骤十二

步骤十三

正面展示

反面展示

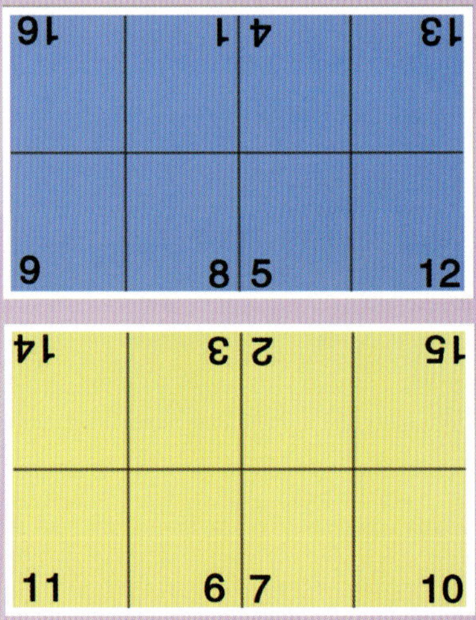

展开后的页码位置

横开本折页步骤展示

步骤一

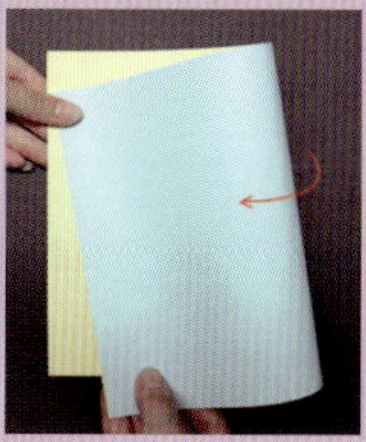

步骤二

步骤三

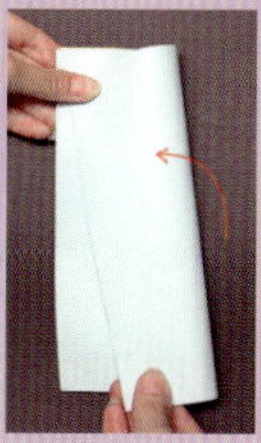

步骤四

步骤五

步骤六

步骤七

步骤八

步骤九

步骤十

步骤十一

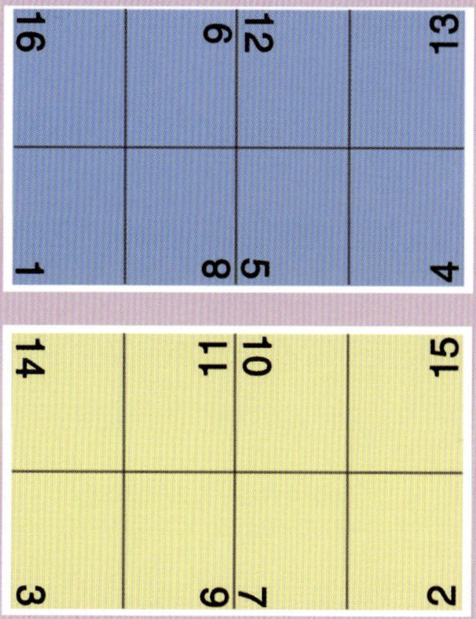

展开后的页码位置

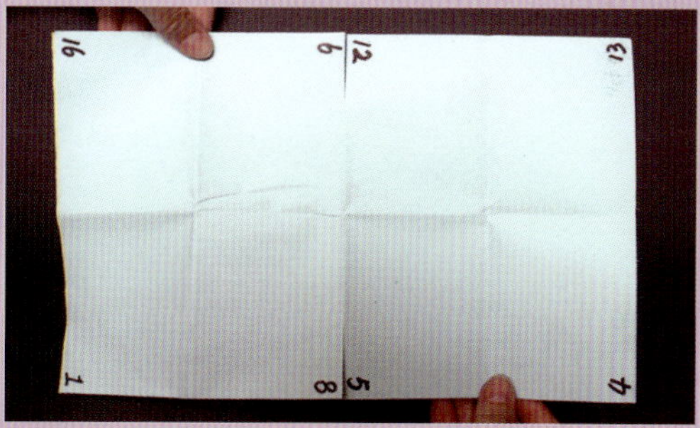

正面展开

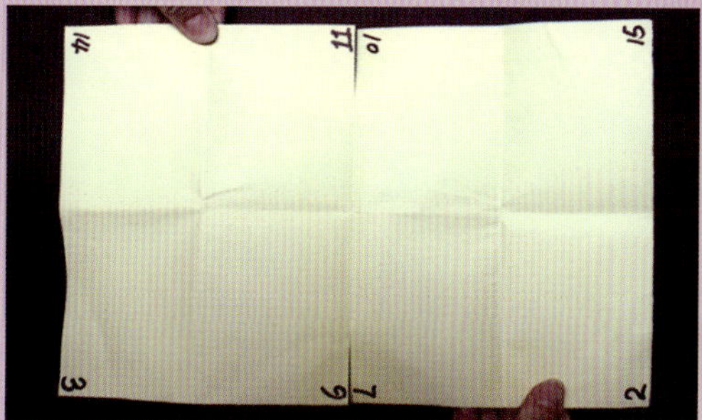

背面展开

扇折折页步骤展示

步骤一

步骤二

步骤三

步骤四

步骤五

步骤六

步骤七

步骤八

步骤九

步骤十

步骤十一

步骤十二

步骤十三

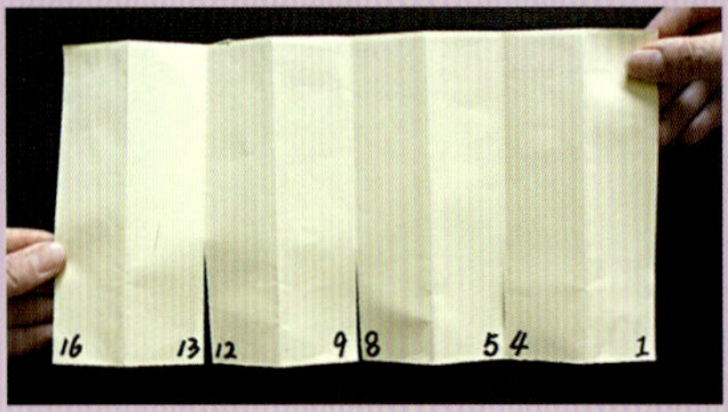

正面展开

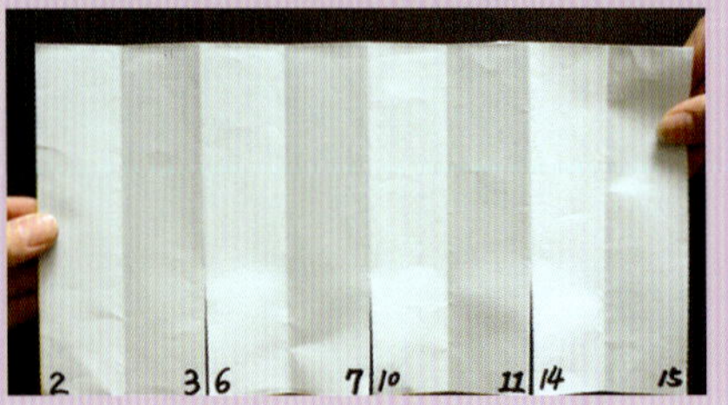

背面展开

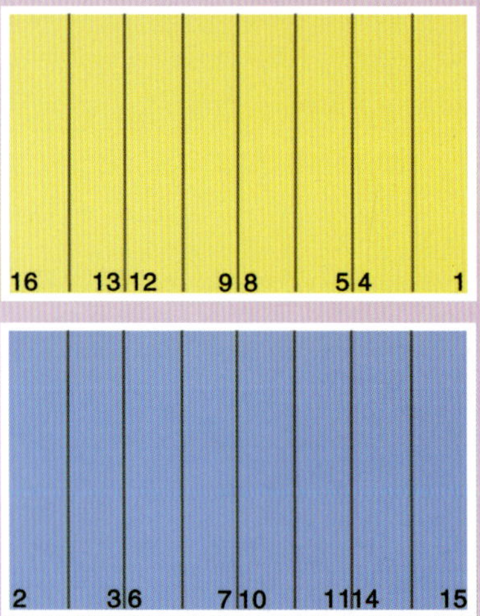

展开后的页码位置

自翻本折页步骤展示

步骤一

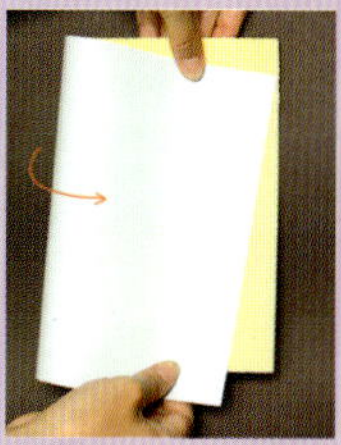
步骤二

步骤三

步骤四

步骤五

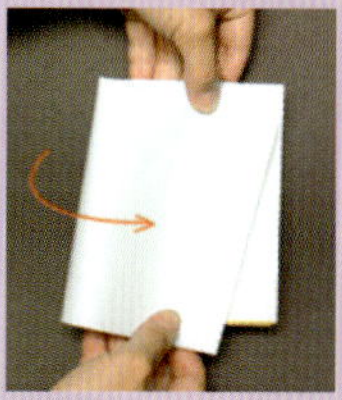
步骤六

步骤七

步骤八

步骤九

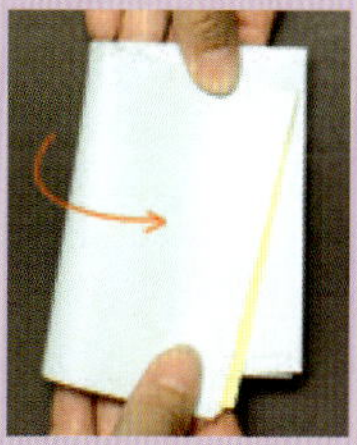
步骤十

步骤十一

步骤十二

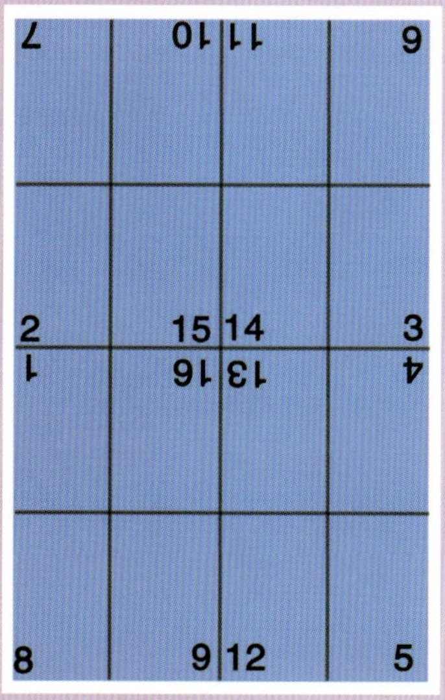

展开后的页码位置

步骤十三

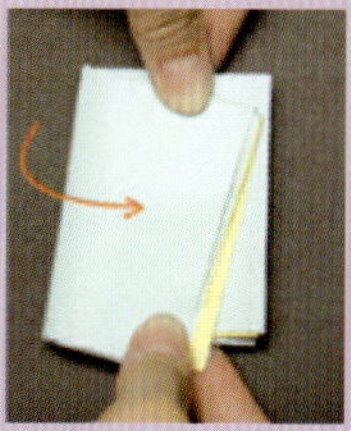
步骤十四

步骤十五

步骤十六

步骤十七

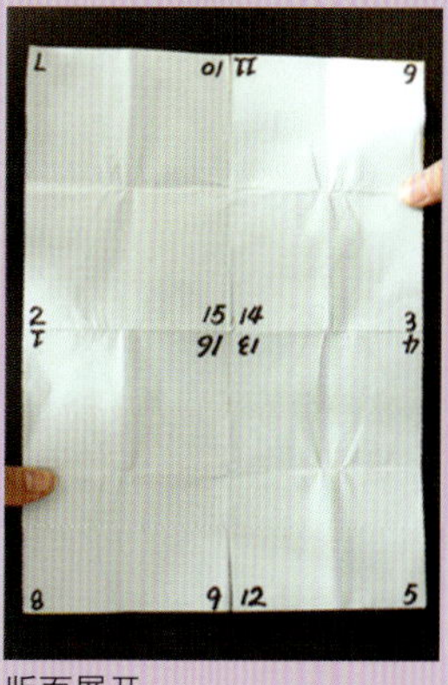
版面展开

知识链接

书帖：书帖是书籍印张按照页码及版面顺序，折叠成多页面的帖。大印张必须制成书帖后才能装订成册。书籍一般都是由多个书贴装订成的。

配帖：将折叠好的书帖根据页码的顺序及版面要求装订成册的过程。配帖的方法一般分为套帖法和叠帖法两种。

套帖：将折叠好的书帖按照页码的顺序依次套在另一个书帖内，成为书刊的书芯，最后把封面套在最外面的过程。这种配帖方法一般采用骑马订装订方式，所以书刊页数不易过多，否则会因为纸张过厚产生纸张偏移。杂志期刊或宣传手册适宜用这种配帖及装订方式。

叠帖：将折叠好的书帖按照页码的顺序，从上至下依次排序。这种配帖方法一般用于胶订，书刊页数较多时多用此配帖方式，可以较好地装订书籍。

第五节　存储文件

当印前工作基本接近尾声的时候，我们还有非常重要的一项工作就是存储文件。存储文件的格式很多，我们常用的有 TIFF、JPG、PSD、EPS 等。

TIFF 是最常用的存储格式，可以制作质量非常高的图像，因而经常用于出版印刷。它可以显示上百万种颜色，并且多种程序都可以识别它，在矢量、排版软件中的兼容性非常好。它可包含图层、路径、Alpha 通道信息，但一般建议还是合并图层，以免在后期发排时出现不必要的错误和麻烦。

JPG 是最常用的图像压缩格式，但在印刷中并不建议使用，因为在压缩图像空间的同时，质量也有很大的缺失。为保证印刷质量，我们很少用这个存储格式。

PSD 和 EPS 在印刷中并不常用。PSD 格式中如果包含大量的图层、通道等信息，在置入其他矢量或排版软件中出现旋转或翻转拼版时，容易丢失图像信息，影响印刷质量。EPS 文件格式存储文件较大，发排速度慢，所以在印刷中，也不是很好的存储格式。

本章练习：以自由主题设计不少于 16 页的画册。

要求：1. 尺寸为正度 16 开。2. 采用无线胶订的装订方式。3. 按照正翻方式 4 开尺寸拼版。

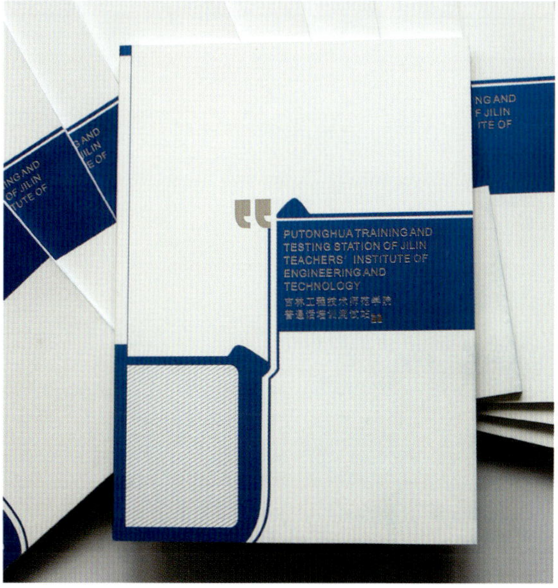

学生作业成品

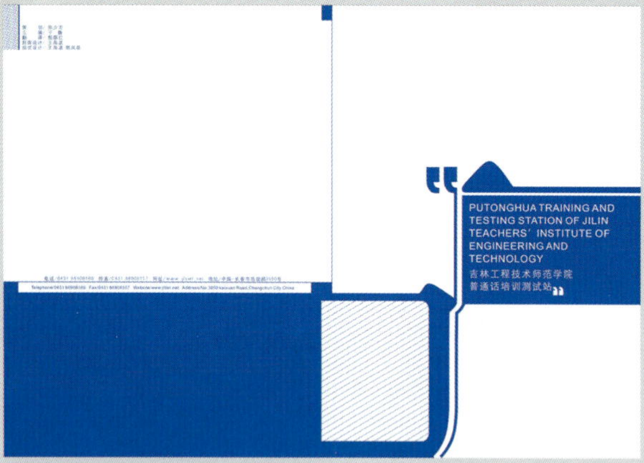

封面专色

拼版

作品点评：

该画册为学生针对某学院普通话测试站设计制作的宣传手册。画册整体风格简洁、大方，能够准确地传达出该测试站的主要内容。成品尺寸为185mm×260mm，制作时尺寸为188mm×266mm，符合印刷的出血要求。采用4开机尺寸正翻拼版，2台一组，准确无误，达到了从电子文件到成品输出的准确对接。封面采用专色与四色印刷相结合的印刷方式。为了得到专色效果，电子稿设计上除四色文件外又多建立一个专色的文件，使专色的效果在印刷时准确地呈现。

整体设计细节处理略微不足，缺乏点睛之笔，还有待于进一步提升。

速查表：

常用平版纸的重量与每吨令数速查表

定量 g/m²	787mm × 1092mm		850mm × 1168mm		889mm × 1194mm		880mm × 1230mm	
	令重(kg)	令/吨	令重(kg)	令/吨	令重(kg)	令/吨	令重(kg)	令/吨
16	6.88	145.438	7.94	125.875	8.49	117.750	8.66	115.50
17	7.30	136.894	8.44	118.500	9.02	110.835	9.20	108.691
18	7.73	129.278	8.94	118.889	9.55	104.667	9.74	102.667
20	8.59	116.350	9.93	100.700	10.61	94.200	10.82	92.400
22	9.45	105.773	10.92	91.545	11.68	85.636	11.91	84.000
24	10.31	94.958	11.91	83.917	12.74	78.500	12.99	77.000
25	10.74	93.080	12.41	80.560	13.27	75.360	13.53	73.920
26	11.17	89.507	12.91	77.481	13.80	74.469	14.07	71.067
27	11.60	86.185	13.40	74.593	14.33	69.778	14.61	68.444
28	12.03	83.114	13.90	71.947	14.86	67.292	15.15	65.991
30	12.93	77.573	14.89	67.150	15.92	62.806	16.24	61.592
32	13.75	72.719	15.88	62.938	16.98	56.875	17.32	57.750
35	15.04	66.491	17.37	55.557	18.58	53.834	18.94	52.793
36	15.47	64.639	17.87	55.944	19.11	52.333	19.48	51.333
40	17.19	58.180	19.86	50.363	21.23	47.105	21.65	46.194
45	19.34	51.715	22.34	44.767	23.88	41.871	24.35	41.061
49	21.06	47.493	24.32	41.112	26.004	38.449	26.52	37.709

定量 g/m²	787mm×1092mm		850mm×1168mm		889mm×1194mm		880mm×1230mm	
	令重(kg)	令/吨	令重(kg)	令/吨	令重(kg)	令/吨	令重(kg)	令/吨
50	21.49	46.544	24.82	40.290	26.54	37.684	27.06	36.955
51	21.91	45.627	25.32	39.490	27.07	36.941	27.60	36.235
52	22.34	44.754	25.81	38.740	27.60	36.234	28.18	35.534
55	23.63	42.313	27.30	36.627	29.19	34.258	29.77	33.595
60	25.78	38.787	29.78	33.575	31.84	31.403	32.47	30.796
65	27.93	35.803	32.27	30.985	34.496	29.985	35.18	28.431
70	30.08	33.246	34.75	28.779	37.15	26.917	37.88	26.396
75	32.23	31.027	37.23	26.853	39.80	25.120	39.803	24.640
80	34.38	29.090	39.71	25.181	42.46	23.552	43.30	23.097
90	38.67	25.858	44.68	22.383	47.77	20.935	48.71	20.531
100	42.97	23.272	49.64	20.145	53.07	18.842	54.12	18.477
105	45.12	22.163	52.12	19.185	55.726	17.944	56.826	17.597
110	47.267	21.155	54.60	18.309	58.38	17.127	59.53	16.800
115	49.42	20.235	57.09	17.513	61.03	16.383	62.24	16.070
120	51.56	19.393	59.57	16.788	63.69	15.702	64.94	15.391
126.6	54.40	18.381	62.84	15.908	67.19	14.882	68.52	14.597
128	55.00	18.181	63.54	15.738	67.93	14.720	69.27	14.435
140	60.16	16.621	69.496	14.386	74.298	13.457	75.77	13.200
150	64.46	15.515	74.46	13.430	79.61	12.561	81.18	12.318
157	67.46	14.823	77.93	12.831	83.33	12.001	84.97	11.769
180	77.35	12.928	89.35	11.189	95.53	10.467	97.42	10.267
200	85.94	11.636	99.28	10.073	106.15	9.421	108.24	9.239
210	90.24	11.081	104.24	9.59	111.45	8.971	113.65	8.800
220	94.53	10.577	109.21	9.115	116.754	8.564	119.06	8.400
230	93.83	10.117	114.17	8.757	122.06	8.191	124.48	8.035
233	100.12	9.987	115.66	8.644	123.65	8.086	126.0996	7.931
235	100.98	9.902	116.65	8.570	124.71	8.017	127.18	7.864
240	103.13	9.696	119.14	8.392	127.368	7.850	129.89	7.700
250	107.43	9.309	124.10	8.058	132.68	7.537	135.30	7.391
256	110.003	9.0898	127.16	7.867	135.86	7.359	138.55	7.219
261	112.15	8.916	129.56	7.716	138.51	7.218	141.25	7.080
280	120.32	8.311	138.99	7.193	148.596	6.729	151.54	6.600
290	124.61	8.024	143.96	6.945	153.903	6.497	156.95	6.372
300	128.91	7.757	148.92	6.715	159.22	6.281	162.36	6.159
350	150.40	6.649	173.74	5.756	185.76	5.383	189.42	5.279
400	171.88	5.818	198.56	5.036	212.30	4.711	126.48	4.619

定量 g/m²	787mm×1092mm		850mm×1168mm		889mm×1194mm		880mm×1230mm	
	令重(kg)	令/吨	令重(kg)	令/吨	令重(kg)	令/吨	令重(kg)	令/吨
450	193.37	5.171	223.38	4.476	238.82	4.187	243.53	4.107
500	214.85	4.654	248.20	4.028	265.36	3.768	270.60	3.696
530	227.74	4.391	263.09	3.800	281.27	3.555	286.84	3.487
550	236.34	4.231	273.02	3.662	291.89	3.425	297.66	3.360
600	257.82	3.878	297.84	3.357	318.42	3.140	324.72	3.080
公式	0.4297×克重=重量/令		0.4967×克重=重量/令		0.5307×克重=重量/令		0.5412×克重=重量/令	
	2327÷克重=令数/吨		2014÷克重=令数/吨		1884÷克重=令数/吨		1848÷克重=令数/吨	

定量 g/m²	635mm×1118mm		559mm×864mm		695mm×960mm		695mm×1092mm	
	令重(kg)	令/吨	令重(kg)	令/吨	令重(kg)	令/吨	令重(kg)	令/吨
25	8.874	112.689	—	—	—	—	—	—
30	10.649	93.906	—	—	—	—	—	—
32	11.359	80.036	—	—	—	—	—	—
35	12.424	80.489	—	—	—	—	—	—
40	14.2	70.422	—	—	—	—	—	—
17	—	—	4.105	243.605	—	—	—	—
27	—	—	6.520	153.374	—	—	—	—
28	—	—	6.762	147.885	—	—	—	—
52	—	—	—	—	17.342	57.471	—	—
70	—	—	—	—	23.345	42.735	—	—
80	—	—	—	—	26.68	37.453	—	—
100	—	—	—	—	38.35	26.041	—	—
52	—	—	—	—	—	—	19.734	50.658
70	—	—	—	—	—	—	26.565	37.593
80	—	—	—	—	—	—	30.36	32.894
100	—	—	—	—	—	—	37.95	26.385

定量 g/m²	730mm×1035mm							
	令重(kg)	令/吨	令重(kg)	令/吨	令重(kg)	令/吨	令重(kg)	令/吨
52	19.75	50.500						
70	26.25	38.02						
80	30.00	33.334						
100	37.50	26.667						

国家标准图书、杂志开本及幅面尺寸

单位：mm

系列	未裁切单张纸尺寸	已裁切成开本		
		开数	代号	公称尺寸
A	880×1230	16	A4	210×297
	880×1230	32	A5	148×210
	880×1230	64	A6	105×144
	900×1280	16	A4	210×297
	900×1280	32	A5	148×210
	900×1280	64	A6	105×144
B	1000×1400	32	B5	169×239
	1000×1400	64	B6	119×165
	1000×1400	128	B7	82×115

787×1092mm 纸裁切开本幅面尺寸表

单位：mm

开本	成品尺寸(mm)	开本	成品尺寸(mm)	开本	成品尺寸(mm)
4	381×533	28	130×207	50	102×148
8	267×381	28	150×186	50	103×149
10	229×305	29	130×204	56	106×127
12	245×253	30	149×172	60	101×126
15	210×248	30	124×207	60	86×149
16	185×260	32	130×185	60	72×153
18	175×254	34	124×181	64	93×130
20	187×207	36	124×172	72	92×112
20	186×210	36	125×173	72	80×127
20	149×210	36	113×184	80	73×127
21	162×210	40	127×149	84	86×103
21	149×248	40	132×151	90	73×112
22	160×210	40	103×184	100	73×100
22	165×207	42	146×146	120	73×82
23	149×203	42	106×173	120	68×89
24	170×186	44	104×167	128	63×90
24	175×186	46	111×146		
25	152×210	48	92×146		
27	140×203	48	94×173		

4.

第四章　印刷的中期工作

第四章　印刷的中期工作

本章重点

电子文档的输出
传统打样和数码打样
菲林片的输出和校对
纸张类型和印刷类型

本章难点

菲林片的输出和校对
网点、网线、网角的概念和应用
纸张类型和印刷类型

建议课时

12 课时

本章引言

从设计图稿到印刷成品，是意识表现转向具象形态的过程。我们从电脑屏幕上看到精确的图文信息，却无法预测真实的印刷效果。印刷中我们都应该注意些什么呢？一个电子文稿将如何摇身一变成为精美的印刷品？带着这些问题，我们进入本章的学习。

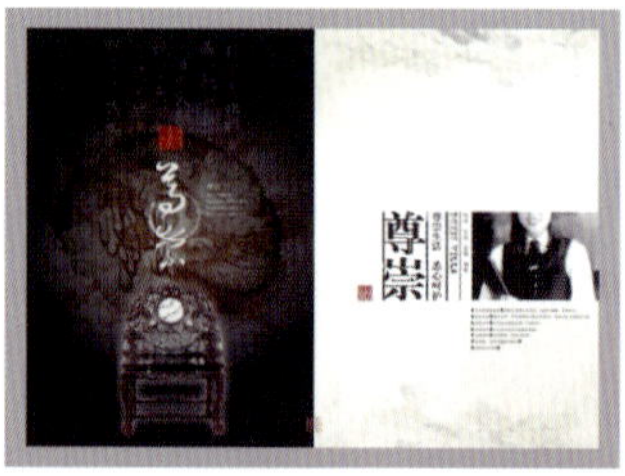

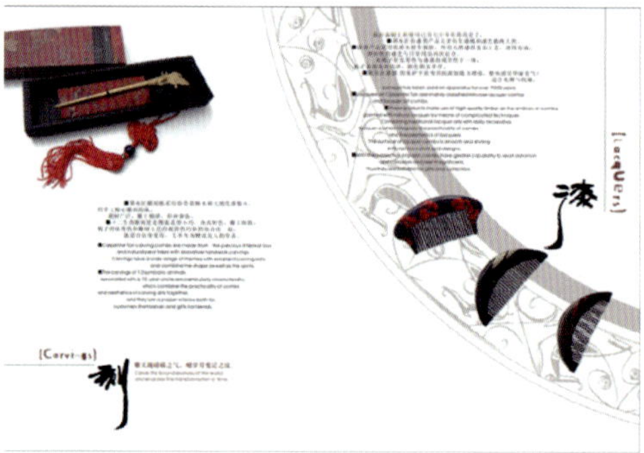

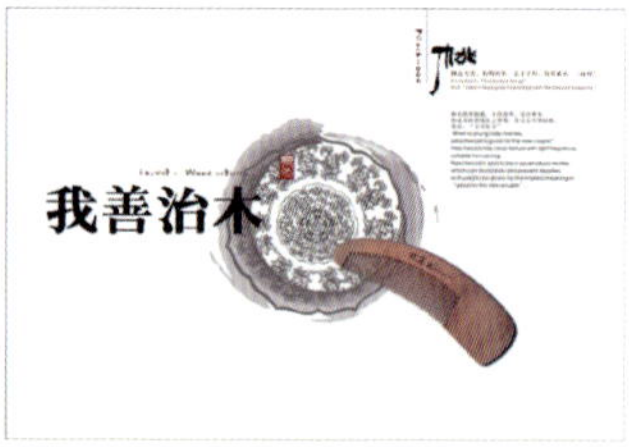

第一节　输出

一、输出

当印前图文工作完成后，就要输出、打样、印刷了。大型的印刷公司都设置专门输出机构，我们习惯称为输出中心。输出中心主要完成图片的输入、输出和印前打样工作。输入主要指图片扫描、电分。输出主要指制作印刷胶片，也就是我们经常说的出菲林片。印前打样主要是在大批量印刷之前，先打出样品，供客户审核稿子内容、色彩、网点等图文信息和印刷效果，如最后核对没有问题，客户可签字大批量印刷。

输出系统的主要技术参数涉及输出精度、尺寸、感光材料中胶片、印版的质量和拼版软件的兼容性。RIP 光栅图像处理器，是桌面输出系统的重要组成部分，其主要作用是将设计好的图文信息转换成打印机或照排机能够记录的带有网点的半色调图像，最后记录到纸张或者胶片上。

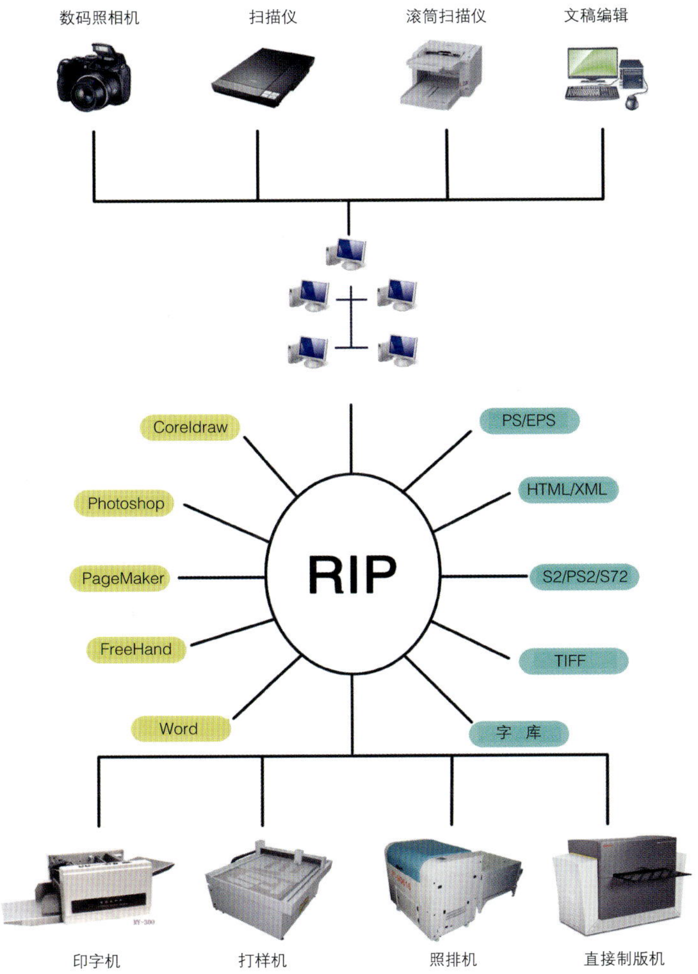

知识链接

RIP

RIP 在输出中起到至关重要的作用，直接影响图像输出的速度和质量。RIP 的核心是 PostScript 语言的解读。PostScript Level 2 是软件系统常用的标准。RIP 完成图像输出加网的运算。根据各生产厂家的不同，加网的运算有一定的差别，如网线数、网角角度和网点形状等。网线数和加网角度直接影响输出品的色彩层次和细致程度，但复杂的运算也会加长解释时间。

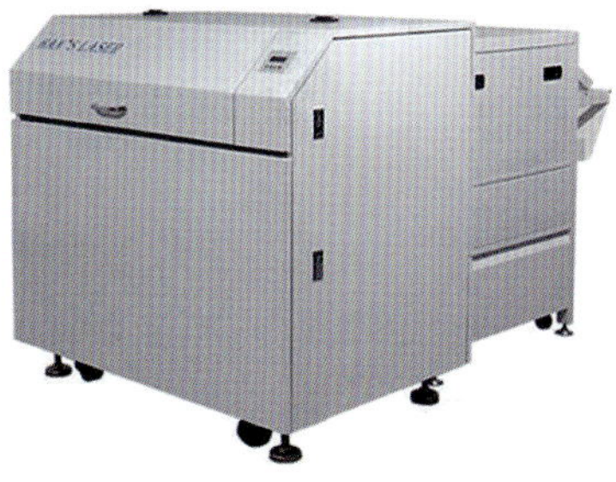

YD36A 型激光照排机成像镜头与胶片保持恒定的微小间距，为实现最高的影像质量提供了技术保障。成像时胶片靠负压吸附在滚筒上，没有拉伸力，故可达到极高的套准精度。它采用国内领先的半导体激光成像技术、进口 650nm 激光二极管。30路激光并行扫描使成像速度成倍提高，完成一张 660mm×914mm 的图像扫描仪需约 3 分钟；整个发排过程一气呵成，真正做到无人值守。

二、RIP 的技术性能

1. PostScript 语言兼容性。RIP 对 PostScript 页面描述语言的兼容性，导致是否能解释各种软件制作的图文信息，也就是我们经常会碰到的 RIP 发排是否会顺利无错误的问题。

2. 加网质量和解释速度。加网是 RIP 的重要功能，直接影响印刷品的质量，但精细的加网会降低运算速度，加长数据解释时间。当然，输出速度还应考虑到照排机的记录速度，所以要综合考虑。

3. 拼版功能。良好的拼版功能可以有效地提高工作效率，减少资源浪费。随着 RIP 功能的不断加强， 拼版功能已经在很多 RIP 中得以实现。

4. RIP 运算一次可支持多次输出。经过 RIP 运算一次的数据可同时用于印前打样和最终印刷输出，并且 RIP 可以根据输出设备的具体要求输出与之适应的分辨率，这使数字打样大大提高准确度，有效地保障了打样文稿与印刷成品的一致性。

黑色片

品红色片

彩色印刷中的菲林片由 C、M、Y、K 四张组成，如果有专色，则每一种专色将加一张对应的菲林片。菲林是挂了网的，也就是说菲林的影调是由大小不同的点组成的。

青色片

黄色片

三、 菲林片校对技巧

菲林出片是印刷工作中非常重要的一道工序。菲林片就是我们印刷制版所用的胶片，菲林晒 PS 版后便开始印刷。

四色印刷中，我们需要出四个菲林片：C、M、Y、K 各一张。如果有专色，那么我们还要给专色单独出一个菲林。菲林片像我们在医院中所看到的透视胶片，是黑白无色彩的，是靠网点和网频来决定给墨的多少的，我们需要在边角上标注它所代表的颜色。菲林分阳片和阴片两种，一般我们所用的 PS 版都是菲林阳片，而有些树脂版的晒版就用菲林阴片。

菲林片制作完成后，我们应该再一次进行校对，以免一旦开机印刷，造成不必要的损失。

1. 查看文字、图片是否完整。在拼版过程中，对图像、文字进行旋转，非常容易造成图片的缺失和文字格式错乱。这点在制作过程中一定要加以注意，Photoshop 尽量存储为 TIFF 格式，而避免使用 PSD 文件。CorelDRAW 如果运用效果等特效手段，应在储存拼版前及时转换成位图，这样便可以有效避免图片缺失情况的发生。

2. 查看菲林片是否干净无划痕。菲林片上的污点，可能是由于药水冲洗不干净造成的，进行再次冲洗，就可以解决这个问题。如果菲林片有明显划痕，可能是在制作过程中机器有杂质或操作过程中碰到尖锐器物造成的，为了保证印刷质量，我们需要重新制作菲林片。

3. 检查角线是否缺失、四版套印是否准确，并查看网线角度是否有撞网现象。

4. 再次检查专色版。专色版非常特殊，容易出现问题，要仔细核对叠印、陷印信息。

5. 检查出血是否完整准确，在咬口位或胶片四周，是否标注产品名称、尺寸、色标、输出日期、制作人代码、校色条等信息。

四、印刷术语和常识

1. 网点。网点是构成连续调图像的基本印刷单元，有圆形、菱形、方形等形态。网点与空白空间距离、大小对比形成了图像影调。菲林加网主要有两种方法，调幅网点和调频网点。调幅网点是目前使用最为广泛的一种网点。它的网点密度是固定的，通过调整网点的大小来表现色彩的深浅，从而实现色调的过渡。网点大小是通过网点的覆盖率决定的，也称着墨率。一般习惯用“成”作为衡量单位，覆盖率 10% 的网点为“一成网点”、覆盖率 20% 的网点叫“二成网点”，以此类推。覆盖率 0% 的网点叫“绝网”，而覆盖率 100% 称为“实地”。印刷品的阶调分三个层次：亮调、中间调、暗调。亮调部分为 10% 到 30% 左右的网点覆盖率；中间调部分约为 40% 到 60%；暗调部分则为 70% 到 90%。调频网点的大小是固定不变的，通过网点密度的不同来再现阶调。网点稀的是亮调部分，网点密集的就是暗调了。

方形网点
硬朗，层次感强，适合边缘明显、色彩调值分明的图像。

菱形网点
色彩影调控制力较好，融方形网点的硬性和圆形网点的柔性于一体，是色彩连续性要求较高的印刷品首选的网点形式。

圆形网点
对于色彩的表现力不强，当网点在一成到六成之间时，网点都呈独立状态，只有超过六成，网点才相互连接。

印刷中的网点

K10

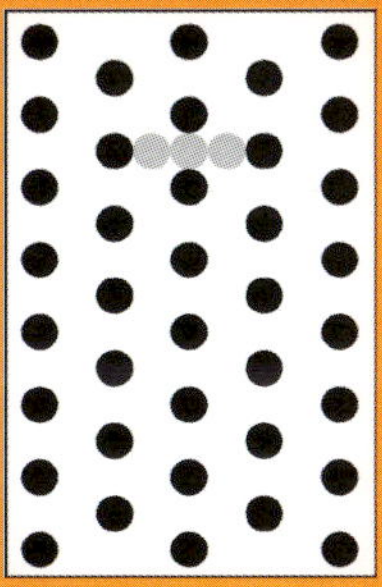

一成网点

K20

二成网点

K30

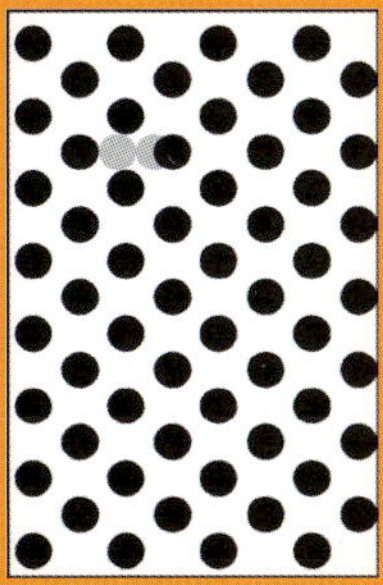

三成网点

K40

四成网点

K50

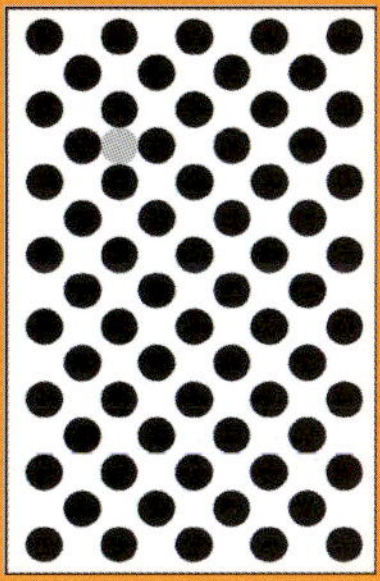

五成网点

K60

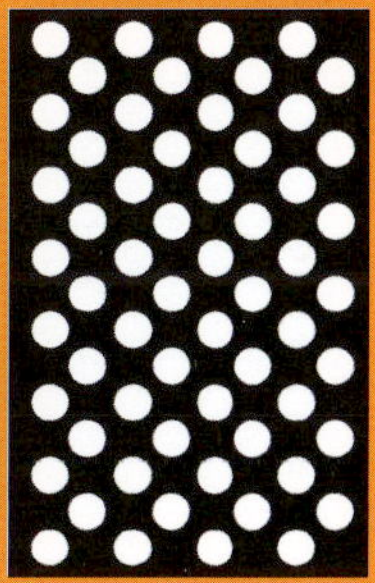

六成网点

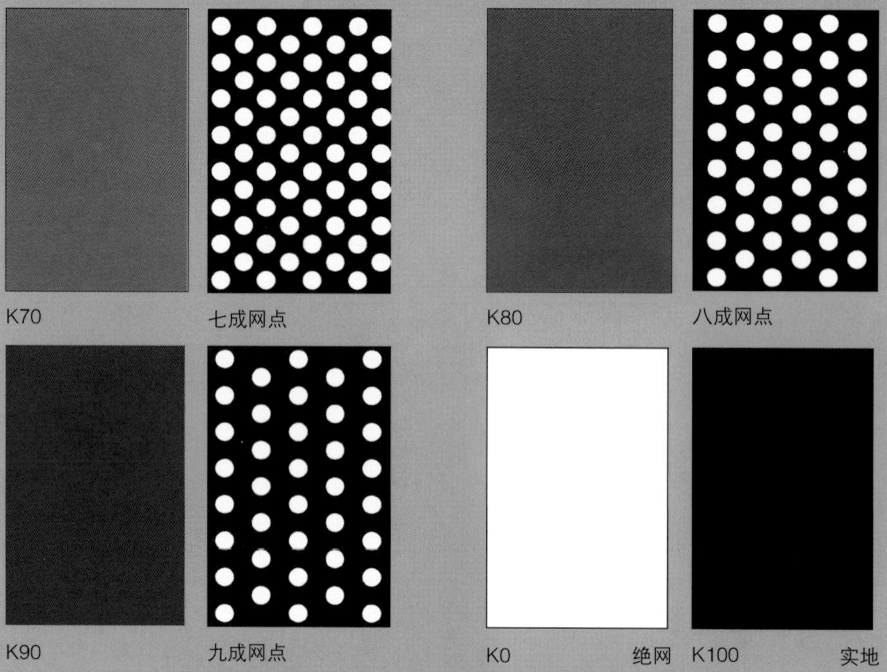

调频网点示意图。一成网：对角的两个网点之间刚好放下 3 个同样大小的网点。二成网：对角的两个网点之间刚好放下 2 个同样大小的网点。三成网：对角的两个网点之间刚好放下 1.5 个同样大小的网点。四成网：对角的两个网点之间刚好放下 1.25 个同样大小的网点。五成网：对角的两个网点之间刚好放下 1 个同样大小的网点。一成网跟九成网相对应。二成网跟八成网相对应。三成网跟七成网相对应。四成网跟六成网相对应。只是网点的大小跟他们之间的距离刚好相反。

2. 网线。每平方英寸挂网的数量，我们用“目”这个单位来定义。一般精美书籍封面、画册、海报常用 175 目、200 目等；正常四色印刷品，如书籍、宣传单、折页可以用 150 目；大的海报、招贴等，不需要太高精度的印刷品，我们可以采用 10 到 120 目之间数值。总之，目数越高印刷品质量就越好，但对设备、纸张的要求也就越高。铜版纸、胶版纸等纸张表面光滑度好、吸水性小、硬度适中的纸张适合高目数印刷，而新闻纸等吸水性强、硬度较弱、纸张表面粗糙的纸则适合较小目数印刷。如果设置目数高，不但不能提高印刷品质量，反倒容易出现并网现象，也就是糊版，密度高的地方形成实地毫无层次。所以要根据实际情况进行选择，不能盲目求大。

3. 网角。网角即网点的排列方向。C15 度、M75 度、Y90 度、K45 度是比较常用的网角数值。如果网角设置不正确，在四版套印过程中会出现撞网，产生水波纹或龟纹，影响印刷品的品质。

印刷中的网线

第二节　打样

打样是印刷前期的准备工作。在大量印刷之前，印刷厂都会对其印刷品进行打样，与客户核对产品规格、要求、尺寸、色彩等。当客户修正并确认签字之后，开始批量印刷。

常见的打样有两种：传统打样和数码打样。

一、传统打样

传统打样是在出菲林后，在打样机上模拟印刷，这个时候一般采用同正式印刷相同的纸张、油墨，使其呈现最接近印刷成品效果的样稿。

二、数码打样

数码打样是以数字出版印刷系统为基础，将制作好的电子稿件直接输出彩色样稿，省略了传统打样制作菲林片、晒 PS 版等工序，直接由彩色喷墨打印机或彩色激光打印机输出的新型打样技术。

第三节　印刷

一、纸张的类型

印刷中，纸是主要的承印物。印刷纸张类型很多，不同的印刷工艺配合不同质感的纸张呈现的印刷品会给人完全不同的心理感受，所以，印刷品纸张的选择也是至关重要的。

纸张按照用途分为书刊用纸、新闻用纸、封面用纸、包装用纸、证券用纸等等，按照印刷方法分类，可分为凸版印刷纸、凹版印刷纸、平版印刷纸等。我们需要按照不同的印刷要求，选择不同类型的纸张。

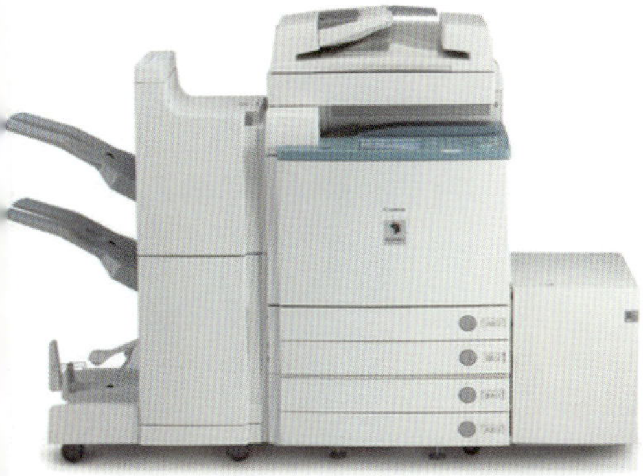

数码打样机

知识链接　**传统打样和数码打样比较**

传统打样采取和印刷基本一致的程序和材料，菲林出片后，晒 PS 版，打样出稿，所以基本能够再现印刷色彩效果，可靠性很高，但由于手动给墨，每次打样色彩都很难一致，具有一定的不稳定因素。

数码打样由计算机模拟完成，要求有较高的色彩管理技术。因为是数字模拟，所以再现色彩可靠性上略差于传统打样，但稳定性很好，电脑控制打样色彩一致，色彩稳定性容易操控。

查看网点是否撞网，打样是最有效的方法。撞网出现的龟纹也叫做网花，只有打样才能体现出来，普通的彩喷无法呈现这个问题。传统打样可以再现真实印刷中可能会出现的网花，数码打样可以模拟，但一般只能满足视觉所达到的精度，无法和传统打样相媲美。所以我们尽量打样和制版印刷采用同一套 RIP 处理完成的数据，这样 RIP 运算相同，可以提升打样的稳定性和可靠性。

从性价比方面，传统打样逊色于数码打样。传统打样需要出菲林、冲版、晒版，程序复杂，投资较大，并需要工作人员一定的工作时间和一定的厂房空间。数码打样只需一台打样机，对开版面人工劳动只需 20 分钟左右，大大节省了时间和资金。

铜版纸

铜版纸是一款表面光滑、洁白、质地细密的涂料纸张，纸张上的白色浆料使纸张具有较好的弹性和抗水性能。铜版纸坚实，主要用于印刷精美的画册、书籍杂志封面、烟盒、明信片等。铜版纸分为单面印刷和双面印刷两种，印刷时要注意上下纸张油料彼此粘脏，适当可以加喷粉等。

铜版纸

胶版纸

胶版纸吸收油墨均匀，质地平滑、紧密，抗水性能好。纸张有超级压光和普通压光、单面印刷和双面印刷之分。平版印刷多选用这种纸张。它适合印制广告招贴、商品折页、商标等。油墨应选用结膜型胶印油墨，主要防止背面粘脏，适当喷粉或使用防脏剂。

胶版纸

牛皮纸

牛皮纸是一种呈棕黄褐色，经漂后呈现淡黄褐色或米黄色的高强度纸张，主要用于印刷档案袋、信封、水胶带、产品包装手提袋等，此纸张柔韧性、耐水性好，不易断裂和破损，有很强的抗拉力、压力性能，纸张分卷筒纸和平板纸两种形式，有单面光、双面光、无条纹和呈现条纹的纸面质感区别，因纸张色彩浑厚朴实，抗磨损能力强，触摸手感舒适，是现代包装常用纸张类型。

牛皮纸

瓦楞纸

瓦楞纸是被压制成 V 形、U 形和 UV 形瓦楞的纸张，压制成型后增加了纸张的抗压强度和弹性，对商品起到了很好的保护、隔离作用，是现代包装的主要用纸。瓦楞纸分为单面、三层、五层、七层、十一层等纸张形式。

瓦楞纸

新闻纸

新闻纸是一种纸质松软、吸墨性能好、有弹性的纸张，主要用于报纸、期刊、书籍正文用纸。新闻纸吸水性强，平版印刷时要注意调节版面水分，否则纸张吸水后会改变纸张的伸缩状态，给四色套印精确度带来困扰。新闻纸张不适合长时间保存，时间过长纸张会变黄，所以不适合印刷高档书籍，不易留存。

新闻纸吸水性强是其很大的一个特点，吸湿的纸张伸缩性难以把握，对四色套印准确性影响很大，而我们在印刷书籍、报纸内页中，又都基本采用平版胶印，平版印刷的主要工作原理就是利用油墨和水不相溶的特性，所以水的控制是一个关键问题。在彩色印刷中共四色组，但第一组的水量尤为重要，所以我们在保障印刷质量的前提下，要很好地控制第一色组润版液的使用，这样可以很有效地解决这个问题。

新闻纸

白板纸

白板纸白度较高，有一定的强度和韧性，适合折叠，不易断裂。它分为单面印刷和双面印刷两种，适合印制烟酒、服装、文具、食品包装盒、名信片、幼儿识字卡片等。

白板纸

玻璃纸

玻璃纸是一种透明、防潮、防水、防尘、不透气、不产生静电的薄膜，主要作为商品内衬纸和装饰性包装用纸。透明度高的玻璃纸可以让消费者清楚地看到商品外观，对于食品、装饰物等商品起到很好的表现促销作用。

玻璃纸

特种纸

也称艺术纸或花式纸，进口纸居多，有皮纹、珠光、布纹等各式纹理，

主要用于封面、装饰品、工艺品等印刷。

特种纸不足之处：

第一，价格较贵。普通的压纹纸要比同定量的同类纸张贵很多，因此大批量用压纹纸印刷的画册因价格因素客户不能承受，所以一般只用于封面或重要资料的设计及印刷。

第二，大多数特种纸的吸收性好、渗透力强，但因有凹凸不平的纹路，使得在印刷时油墨渗透在缝隙中，特别是大面积的实地版，很难干燥，容易粘脏。

第三，有色特种纸在印刷时，要注意深色的特种纸张表面是不能印四色图像的。只能印刷金属光泽或专色调配的油墨，如金、银、专色等。

特种纸

哑粉纸

哑粉纸就是无光铜版纸，因为其不反光，纸质细白，所以印刷色彩稳定、细腻且更显大方雅致，比较显档次。哑粉纸不易变形，适合印制高档商品宣传册。

哑粉纸

经验提示　品牌纸样的使用

品牌特种纸的供应商都会向设计师赠送一本纸样，里面会详细地按照纸的种类、颜色、克数、一一做出小样，方便设计师选纸，简化了选纸的过程。

案例直击：纸样展示——以刚古纸为例

“刚古”纸业隶属于欧洲的ANTALIS集团，也是著名的造纸集团在中国的销售公司。其遍布北京、上海、天津、广州、成都、深圳及沈阳等中国的主要城市，由近利（香港）有限公司统一管理，至今在中国已有九年的历史。

酒红条纹 220g
条纹纸纸面有暗纹，纸张韧性、防潮性和平整度都很好，适用于高级购物纸袋、出版物封面名片、服装吊牌等印刷。

橙色牛油 200g
牛油纸属于硫酸纸的一种，纸张呈半透明状，晶莹剔透，触摸手感光滑细腻，具有极强的时尚气息，适用于印刷礼品包装、书籍扉页、产品标牌等，适用烫金、凹凸等印刷工艺。但印刷时要注意墨色和墨量的调节，不适宜细网点、加网数过高的印刷。注意控制印刷时用水量，水多容易产生纸张变形，难以控制印刷套印精度。

超白纹面 250g
超白纹面纸，纸色洁白，触摸有凹凸纹理，具有大气朴实之感，适用于印刷书籍封面、包装礼盒、产品标牌等。

奶白滑面 220g
滑面纸纸张表面平整，色泽温和而自然，视觉清新，适用于印刷广告宣传及样本、杂志、高档书籍内页等。印刷时可以根据印品要求适当加大墨量，使色彩饱和平实。

案例直击：刚古“星域系列”——金属闪彩系列花纹纸

半透明描图纸
半透明描图纸在印刷前，最好让纸张适应印刷环境一段时间，以免印刷过程中，纸张变形较大，影响套印精度。此纸张适合在 22 摄氏度，湿度在 40%—60% 左右的印刷环境中。多用于印刷书籍扉页、包装纸袋、宣传册等。

彩色描图纸
彩色描图纸特性与半透明描图纸基本相同。

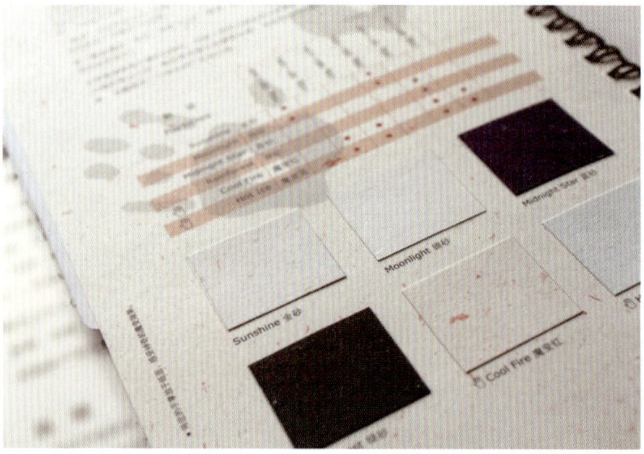

飘雪纸
飘雪纸表面带有一些细微的亮点，视觉感朴实大方，适合于击凸、压痕、模切等印刷工艺，大量被应用于书籍扉页、宣传册、广告设计等印刷领域。新“飘雪魔变”系列，纸面上闪烁的亮点在温度达到 23 摄氏度以上时会消失，温度回归 23 摄氏度以下时会重新出现，可用于防伪包装。

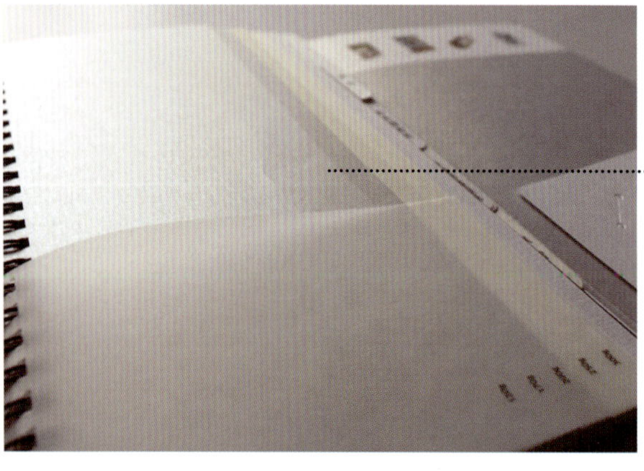

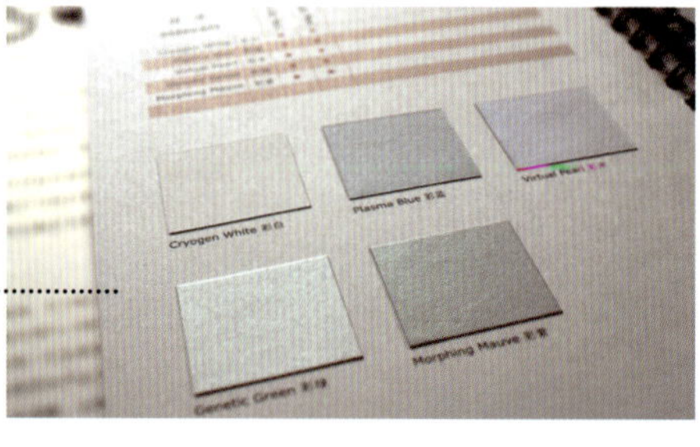

珠光花纹纸
具有金属珠光表面的纸张，可根据观看角度的变化而产生不同的色彩感觉。此图右侧小图就是不同角度下的拍摄。纸面平顺光滑，具有“闪银”效果。纸张极具时代感，适合印刷包装、书籍封面、时尚礼盒等。

知识链接

凹版印刷优势

凹版印刷由于凹槽深浅及图文轮廓信息可自由控制，一旦雕刻成版，不易模仿和再造，所以起到很好的防伪作用，所以凹版印刷大量用于纸币、邮票等有价证券。

二、印刷的类型

按照印刷版式分类，可分为凸版印刷、凹版印刷、平版印刷、孔版印刷四大类。

凸版印刷

凸版印刷是用凸版施印的一种印刷方式，常见的有雕版印刷和胶泥活字印刷等。凸版印刷的工艺特点是印刷图文部分凸起，非图文部分凹进，墨辊经过印版，凸出的图文部沾有油墨，而凹下的空白部分则接触不到油墨。印刷中，在压力的作用下把沾有油墨的图文部分印制到承印物表面上。凸版印刷印版主要有活字版、照相凸版、电子雕刻凸版、感光树脂版等。凸版印刷品轮廓清晰、墨色光泽，主要应用于书籍、杂志、商标等印刷品。

凸版印刷机工作原理图

凸版印刷机

凹版印刷

凹版印刷和凸版印刷正好相反，是一种凹版施印的印刷方式。工艺特点是图文部分凹进，非图文部分凸起，在压力的作用下，将凹版凹进图文部分的油墨压印到承印物上。采用直接印刷方式，承印物上图文油墨的厚薄由印版凹陷深浅决定。如果希望墨色厚重，则凹槽深些；如希望墨色较薄，则适当减少凹槽深度。凹槽凹版印刷主要有雕刻凹版和腐蚀凹版，印刷品墨色饱和、厚实，印版结实耐用，适合大批量印刷。主要用于纸币、邮票等有价证券，烟盒、酒盒等纸质包装，饮料、方便面等塑料软包装，以及 PTP 铝箔、铝箔泡罩等医药包装的印刷。

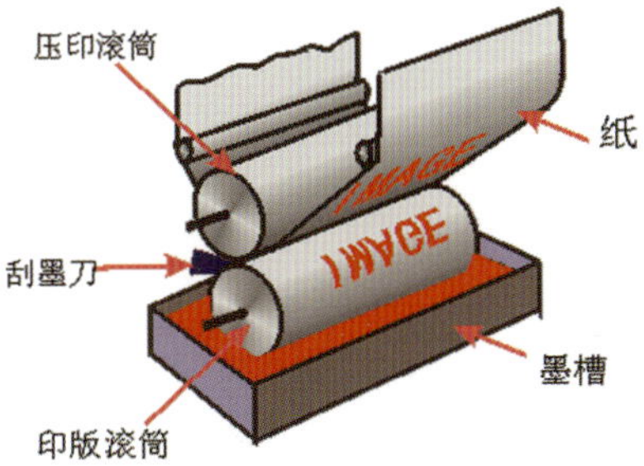

凹版印刷机工作原理图
在凹陷的图文区上墨，残留在非图文区的墨将由橡胶片刮去，再将印纸放置在版上，增加压力，图文就印制到版面上。

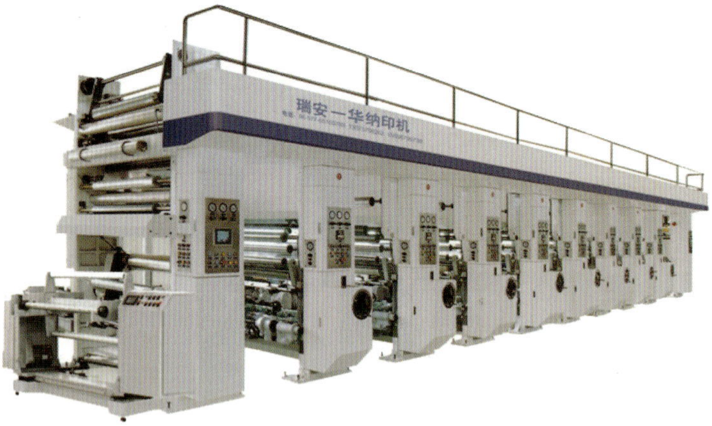

YAD—A 型电脑高速凹版印刷机

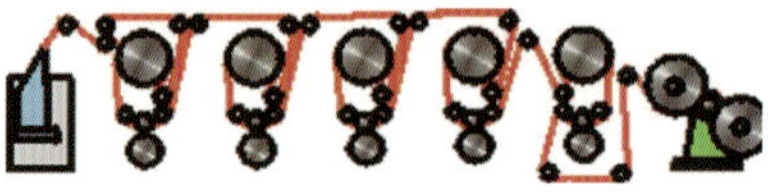

四加一色

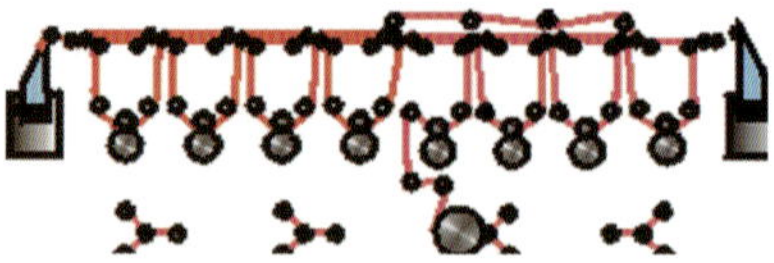

四加四色

发分离式

平版印刷

平版印刷和凸版、凹版印刷有所区别，是利用油水不相溶的原理进行印刷的。印刷机上有供墨装置和供水装置。油水达到平衡是印刷中重要的技术要求。平版印刷基本上采用间接印刷方式，印版先把图文印到橡皮滚筒上，然后再由橡皮滚筒转印到承印物上，完成印刷工程。

四色平版印刷机

知识链接 **平版印刷优势**

平版印刷因其制版时间短，网印质量高，图文信息色彩还原性好，在印刷行业中被我们广泛应用，书籍、高档画册、招贴、杂志、报纸都采用平版印刷方式。如要印制色彩亮丽、图文信息视觉传达度要求较高的高档画册，纸张要选择铜版纸、胶版纸等吸水性小，表面平滑，质地紧密不拉毛脱粉的纸张。在印刷环境中，注意场地的湿度、温度。在印刷过程中，注意调整给水量。纸张在过多地吸水后会发生伸缩变形，影响套印的准确性。

孔版印刷

印版的图文部分能够透过油墨漏印至承印物的方法，分为丝网印刷、誊写版、打字蜡板和镂空印版印刷。其中丝网印版呈网状，印刷时印版上的油墨在刮墨板的挤压下从版面通孔部分漏印至承印物上。丝网使用的材料有绢布、金属及合成材料的丝网及蜡纸等。其原理是将印纹部位镂空成细孔，非印纹部分不透，印刷时给墨装置在版面上，而承印物则在版面之下，印版紧贴承印物，用刮板刮压使油墨通过网孔渗透到承印物的表面上。

孔版印刷操作简便、油墨浓厚、色泽鲜艳，而且不但能在平面上印刷，也能在弧面上或立体承印物上进行印刷，印制的范围很广，对承印物的适应性很强。缺点则是印刷速度慢，以手工操作为主，不适于批量印制。

本章练习： 根据我们所学的知识，整理设计个人作品集一本。

要求：在设计及制作过程中，注意要符合印刷要求及规范，根据设计作品具体情况适当选择纸张类型。

作品点评：

此作品集设计色彩温和雅致，版式简洁清新，图文编排制作符合印刷要求，能够较好地选择纸张类型。

封面制作应用了具有金属质感的珠光花纹纸。具有闪银效果的纸张在光线下，展现色彩变化。

作者：许剑

扉页用彩色描图纸，增加了作品的时尚感，轻松灵动。

应用了 200 克的哑粉纸制作扉页，干净简洁。

5.

第五章　印刷的后期工作

第五章　印刷的后期工作

本章重点

印刷表面整饰加工
装订工艺流程
装订的几种形式

本章难点

UV 技术
击凸技术
模切技术
装订工艺流程

建议课时

12 课时

本章引言

普通的四色胶印呈现了设计师图文意识表现向印刷品具象形态的转变，而印刷表面整饰加工即特殊印刷工艺技术的应用及表现，装订方式的确定及操作方法技巧，则完成了印刷品的点睛之笔。

印刷的后期工作主要指印刷品表面整饰加工和装订工艺。

印刷品表面整饰加工是指承印物完成印刷后的一系列加工工序，包括 UV、击凸、烫金、上光、模切等。日新月异的科技进步，华丽的包装、书籍、纸品设计等，映射出彩色印刷业与时俱进与繁荣发展的市场经济。

第一节　印刷表面整饰加工

优秀的印刷品，需要富有创意的设计、适当的印刷载体、准确的印刷色彩还原和细致精确的印刷后期加工工艺。

印刷后期工艺加工技术繁杂多样，涉及材料、技术等方面内容，设计师要根据作品风格、承印物特性灵活运用，取得最佳印刷表现效果。

一、UV 工艺

UV（Ultraviolet Ray）是英文紫外线的缩写。UV 油墨，是一种经紫外线照射发生交联聚合反应，在很短时间内固化成膜的油墨。UV 固化是一种光化学反应，可固化材料在紫外光的照射下硬化，在印刷图文表面形成一层坚硬透明固态胶状物体，有光泽并凸出承印物表面。UV 工艺就是应用 UV 油墨进行 UV 固化的印刷工艺技术。

案例直击： 世纪嘉和印务精装宣传画册设计

UV 局部印刷在精致的印刷品中被大量应用，立体感和光泽度能很好地突出画册、名片的文字、图形和标志，具有很好的强调作用和视觉效果。

UV 油墨的运用，有效地提高了标题文字的识别性。

内页 UV 油墨凸显了印品质量，增加了艺术性。

知识链接 UV 油墨的特点

1. 印刷质量高，干燥时间短。

UV 油墨颗粒细腻，性能稳定，墨色醇厚、明亮、光洁，具有防水、耐磨和耐高温等特性。

UV 油墨固化速度非常快，可以在零点几秒内完成干燥固化过程，干燥后可立即进行后道工艺加工，彼此不粘连。印刷品干净整洁，印刷效率高。

2. 健康环保，承印物范围更广。

UV 油墨在印刷和干燥过程中几乎不排放任何污染元素和物质，不使用溶剂。因其干燥迅速、不粘连，同时也不需要喷粉等环节，印刷环境干净，粉尘污染少。与传统溶剂型油性油墨相比，UV 油墨是一种绿色环保油墨。

UV 油墨的适用范围更广泛，高附着性使其在许多非吸收性承印物上更凸显其优势，例如塑胶类、表面具有铝箔层的金、银卡纸等印刷材料。

3. 印刷造价较高，不适合普通平面印刷。

UV 油墨的印刷费用要高于普通胶版印刷 2 至 3 倍，所以在普通平面印刷中应用意义不大，但在一些高档包装、书籍封面、名片等印刷中，其卓越的印刷表现还是得到了认可，得到了广泛的应用。

即时训练： 运用我们所学的知识，思考下列名片设计中，UV 技术特点及应用范围。

知识链接

凹凸压纹纸张的选择技巧

凹凸压纹工艺应用范围广泛，制作过程无污染，是设计师经常应用的一种印刷工艺。在制作前，要考虑以下几点纸张特点，与供应商做好交流和沟通。

1. 纸张厚度及韧性

完成凹凸工艺前要考虑纸张的厚度、韧性及表面张力。凹凸压纹使纸张纤维发生拉伸变化，出现类似浮雕的击凸纹理，最深处和最浅处可达 3mm。太薄及韧性不够的纸张非常容易破裂，所以一般采用 220g/ ㎡以上的纸张。

2. 纸张纹理及纤维特征

纸张纤维的长度、粗细及内在强度，影响着凹凸压纹细节设计方案的表达与实现，要根据图文特征选定纸张，尽量缩短设计图文和印刷成品的效果差异。一般来讲，厚度大、韧性强、纤维长的纸张，在表现凹凸工艺时，具有一定的优势。

3. 纸张成本预算

如采用较为复杂的工艺，如烫金凸，要在四色印刷前作好实验工作，以减少浪费，但仍要把纸张破碎考虑在内，适当提高损耗用纸的预算。

二、凹凸压纹工艺

凹凸压纹工艺就是用两块金属电版在压力的作用下压印出图文的凹凸状态，呈现深浅不同的花样纹理，体现出浅浮雕般的艺术美感，具有很强的立体感。凹凸压纹工艺主要应用于精装书籍的封面、名片、商品的标志及各种包装礼盒中，其较好的立体感有效地打破了常规印刷的平面化状态。

击凸工艺
从纸张背面施加压力，让图文呈膨起状态的工艺叫“击凸”。此作品纸张较厚，有一定韧性，适合做击凸工艺。

压凹工艺
从纸张正面施加压力让图文呈凹陷状态的工艺叫“压凹”。压凹工艺作品呈现出更好的立体效果。下面两幅图均为压凹工艺。

案例直击：凹凸技术优秀名片设计实战应用

应用凹凸压纹工艺的印刷品手感好、层次感强，但设计制作时还是要注意一些问题，了解印刷品图文信息属性，比如细小的线条、复杂的多边形体、比较薄和柔软的承印物，都不是实施凹凸很好的前提条件。凹凸工艺主要体现凹凸感，形成立体层次感，细小线条的凹凸，虽然触摸可以感受到凹凸特性，但在视觉上，光影效果体现并不明显。复杂带有尖锐角度的多边形会加大凹凸的实现难度。设计师要事先了解这些技术手段与原理，才能在印刷中得到最好的效果。

凹凸种类

1. 素击凸：素击凸是一种类似盲文印刷的击凸工艺技术。击凸区域没有任何油墨及印刷。细致整洁的击凸工艺，立体素洁的造型体现了印刷品的品质和质感。

2. 篆铭凸：篆铭凸是凹凸压纹工艺中常用的一种工艺方法。印刷图文在四色油墨印刷后，击凸部分为留白状态。这种工艺精准度要求较高，一定要套印准确，否则非常影响印刷品的美观和质量。

三、烫金、烫银工艺

烫金、烫银又称电化铝烫印。在压力和温度的作用下，把烫印箔转印到印刷品上，我们称为烫金或烫银。烫金、烫银技术是印后加工的重要工艺，近几年在印刷行业中得到迅速发展，各种新工艺、新技术层出不穷。烫金、烫银工艺具有很强的立体感、光色度和金属质感，并具有一定的防伪性能，有效地提升了印刷品的识别力和欣赏性，被广泛应用于包装、烟盒、酒贴、商标及贺卡中。烫印方式主要有热烫印和冷烫印两种。在实际设计印刷中，设计师要掌握两种烫印方式的优势与不足，根据实际图文设计情况、印刷成本与质量等具体情况来选择合适的烫印方式。

1. 热烫印

热烫印工艺利用专用的金属烫印版，通过加热、加压的方法将烫印箔转移到承印物上。

金色象征高贵、辉煌、财富、光荣，在中国是皇家色彩。此色深受人们喜爱，是烫印中的常用色彩。

彩色烫印纸扩大了烫印色彩的范围，为印刷品提供了更多色彩选择。

经验提示

热烫印工艺技术特点

1. 热烫印通过加热装置、烫印版实施印刷工艺，虽然成本略高，但烫印质量好、精度高，图文光泽度高，明亮而平滑，即使稍微复杂的图形边缘，也可以很好地实现精确表现，印刷质量明显好于冷烫印。

2. 热烫印烫印箔材料选择范围广泛，烫印材料色彩花纹多样，金色、深金、黄铜、古铜、哑银、银色、淡蓝、天蓝、大红、橘红、粉红、深紫、淡紫、淡粉紫、黄绿、草绿等可达百余种。

选择烫印材料还需注意与烫印基材及其表面状态相匹配，而不能只考虑色彩和价格，例如在印刷墨层、上光表面、覆膜表面上进行烫印，要考虑材料与其结合的牢固度，否则很容易脱落。

3. 热烫印可以完成立体烫印效果的制作。采用电脑数控雕刻制版方式制成立体烫印版，可使烫印加工成的图文具有明显立体层次，在印刷品表面形成浮雕效果。

即时训练：

运用我们所学的知识，思考下列名片设计中，烫金、烫银技术特点及应用范围。

2. 冷烫印

冷烫印工艺是利用UV胶黏剂将烫印箔转移到承印材料上的烫印方法，主要有干覆膜式冷烫印和湿覆膜式冷烫印两种方法。

干覆膜式冷烫印：先固化阳离子型UV胶黏剂，在压力的作用下使冷烫印箔与承印材料复合在一起，去掉多余的烫印箔，完成烫印过程。

湿覆膜式冷烫印：涂布了自由基型UV胶黏剂后，先在承印材料上复合冷烫印箔，再对UV胶黏剂进行固化，最后去掉多余的烫印箔，完成烫印过程。

烫金技术广泛用于包装设计中，突出商品标志、商品名称或标志性图案等，是设计的画龙点睛之笔。

名片中烫金图案醒目、美观、大气奢华、耐磨擦且不易脱落。

经验提示

干覆膜式冷烫印工艺在操作过程中，对UV胶黏剂的固化虽然应该快速进行，但不应该彻底完全让其固化，否则将减弱黏合性，烫印箔印后容易脱落，黏结不牢固。

湿覆膜式冷烫印工艺采用自由基型UV胶黏剂。在烫印过程中，胶黏剂初黏性要强，固化后不能再有黏性。选用的烫印箔的镀铝层要有一定的透光性，以保证UV光线能穿过并引发UV胶黏剂的固化反应。

冷烫印工艺技术

优点：

（1）冷烫印工艺无需专业的烫印设备，初始投资少，无需制作金属烫印版。普通的柔性版制版速度快、周期短、成本低、性价比高。

（2）烫印过程中，不需要加热，节省能源，环保性强，在没有底基的薄膜、塑料袋等不适合采用热烫印工艺的材料中更具优势。

缺点：

（1）冷烫印工艺需要涂布UV胶黏剂，一旦涂布不均匀，很容易影响图文的色彩和光泽度，降低印刷品的美观精致度。

（2）冷烫印图文坚固程度较差，通常需要覆膜或上光对其进行保护，增加了工艺的复杂性。

四、模切与压痕工艺

模切即是把印刷品按照设计好的图稿进行裁切，是印刷后期的裁切工艺。常见的模切工艺有刚刀模切、旋转模切、激光模切。压痕是把印刷品按照设计要求，在压力的作用下印出或深或浅的钢线痕迹。压痕后，印刷品更易折叠、弯曲，塑造各种形态，形成立体效果。很多时候，模切和压痕是同时进行的，所有有时也称其为模压工艺。

知识链接

模切机分类及其特点

1. 平压平模切机

平压平模切机可以人工半自动模切，也可全自动高速联动模切，应用范围广泛。平压平模切机成本低，操作简单，但效率较低，适合模切数量少的印刷品。

2. 圆压平模切机

圆压平模切机以线接触模切材料，可进行较大幅面的模切。该方式适合多种厚度不同材质的产品模切，但效率极低。现在使用该工艺的比较少。

3. 圆压圆模切机

圆压圆模切机滚筒连续旋转，因而其生产效率是各类模切机中最高的。但是其制版、装版比较麻烦，成本也比较高，技术上有一定难度，所以，圆压圆模切机常用于大批量生产。

模切压痕工艺让名片制作更具创意空间，呈现出立体、曲线、镂空等造型变化，改变了一贯的平面状态。别致、个性、时尚是现代名片设计的新风向。

图片来源：www.vipcn.com

案例直击： 模切与压痕设计实战应用

模切与压痕工艺是纸质印刷品印后整饰加工常用的工艺之一，在异型名片、镂空名片、纸质包装盒、皮革等的制作过程中，有广泛的应用。

制作手撕线模切工艺，设计师在选择纸张和材料时要有所注意。纸张的选择要有一定厚度和韧性，完整的印刷品要容易撕扯且不会轻易从中间断裂。

模切压痕工艺使印刷品立体生动，改变了以往单一的平面形式，为设计提供了更多面的表现形式。

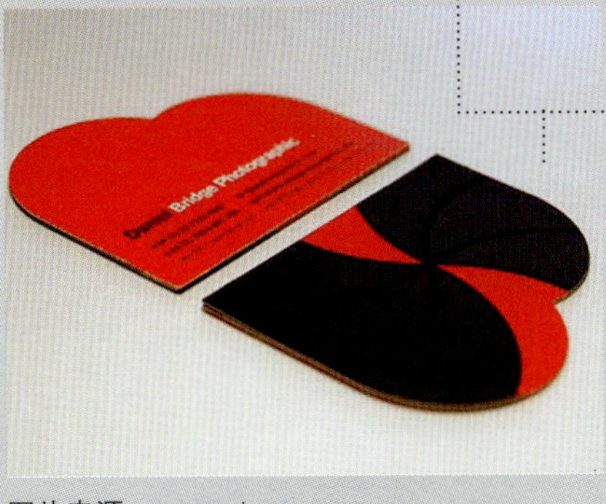

异型名片、标牌、吊牌设计是模切工艺的具体体现。曲线、个性、生动是其主要表现特色。

图片来源：www.vipcn.com

模切版制作注意事项

1. 模切版的制作至关重要，是准确高质量模切的基础。一般我们在印刷制版过程中就已出一张模切图，但在印刷过程中，覆膜、上光等工艺会使纸张发生缩胀现象，有经验的模切师会取六七张印刷品进行校对，取其中间数值，尽量使模切版精确。

模切刀线的线条尽量连贯，转弯处尽量采用圆角。为保障在制版过程中不散版，要在大面积闭封图形部分保留两处以上位置不要切断，这些位置通常称为“过桥”。

2. 装刀线和压痕线是模切版制作中非常重要的环节，要根据不同纸张类型选择不同的刀线和压痕线。模切刀分为直纹刀和横纹刀，刀锋有高矮之分。不同的纸张，选用适用的刀纹和刀锋，可以有效地提高模切质量和延长刀的使用寿命。直纹刀适用于纸张纤维粗糙或表面有覆膜等工艺的印刷品。横纹刀适合纤维质量较好的纸张。

压痕线的厚度应大于纸的厚度。压痕线的高度一般为模切刀高度减去纸张厚度再减去0.05—0.1毫米，但也要根据印刷品实际情况，灵活调配。

第二节　印刷品装订

装订通常是指把印刷好的书页、书帖加工成册，或把票据、单据等配套整理，订成册本等印后加工的工序。

书刊的装订，包括订和装两大工序。订就是将书页订成本，是书芯的加工。装是书籍封面的加工，就是装帧。

一、书刊装订工艺的演进

简策

“简策”就是用绳子或皮带把写有文字的竹片、木片连串成册，是我国最早的书籍形式之一。

中国古代在造纸技术未发明前，书籍主要是用墨写在竹木简上。当时的人们将竹木制成狭长的细条，经过刮削整理后在上面写字。单独的竹木片叫做“简”，若干简编连起来就叫做“策”（亦写作“册”）。这也是现在称 1 本书为 1 册书的来源。简策在中国历史很渊源。《尚书·多士》记载：“惟殷先人，有典有册。殷革夏命。”意思是商代的祖先已有编连的简策，记载了商代推翻夏王朝统治的史实。由于竹木材料比较容易得到，抄写记录比甲骨、青铜、玉石等记事材料方便，篇幅不受限制，编连成策后阅读存放也相对便利，因而书籍的生产比过去容易得多。中国先秦时期的古籍，就是写在简策上而保留到今天的。在造纸术发明并推广普及以后，大概在公元 4 世纪的东晋时期，简策才基本绝迹。

简策非常笨重，阅读不易。后来人们便在丝绢上抄写记录文字，根据文章的篇幅长短裁开，卷成一卷，有的还在丝绢两端配上木轴，便出现了“卷轴装”的书。

简策

卷轴装

卷轴装的装订形式是由卷成一束的简策演变而来的。制作方法是在长卷文章的尾端粘连一根木轴，将书卷卷在轴上。缣帛的书，文字是直接写在缣帛之

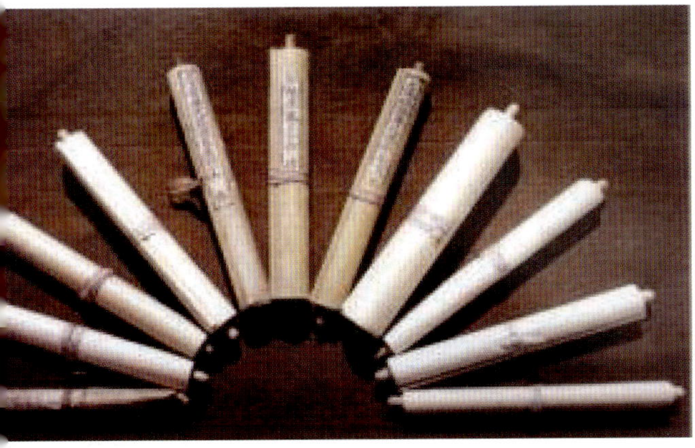

卷轴装

上的；纸本写的书，就是将一张张写有文字的纸，按照前后顺序依次粘连在长卷的上面。卷轴装的卷首一般都粘接一张纸或丝织品，称为“褾”。褾的质地比较坚韧，不写字，起保护和装饰的作用。

卷轴装的褾头通常会系上丝带，用来捆缚书卷。丝带的末端再穿一签，捆缚后固定丝带。阅读时，将长卷铺开，随着阅读进度逐渐舒展。阅读后，将长卷随轴卷起，并用卷首丝带捆缚好，放置在插架之上。

卷轴装精致美观与否主要表现在轴、签、丝带上，如钿白牙轴，黄带红牙签，以及雕紫檀轴，紫带碧牙签等。

经折装

纸张发明以后，人们按照一定的规格，将写有文字的纸张向左右反复折叠，折成长方形的册子，将册子的前后两页粘上硬纸，作为封面和封底。这种装帧形式最初用于佛教书籍，因此称为经折装。凡经折装的书本，亦称“折本”。

经折装是中国古代书籍经典装裱形式之一。斯坦因《敦煌取书记》中记载：“又有一册佛经，印刷简陋，然颇足见自旧型转移以至新式书籍之迹。书非卷子本，而为折叠而成，盖此种形式之第一部也。……折叠本书籍，长幅接连不断，加以折叠，最后将其一端悉行粘稳。于是展开之后，甚似近世书籍。”清楚地说明了经折装在五代时期已经出现。其特点是单面书写，收展便利。

经折装是在卷轴装的基础上演变发展而来的。伴随着时代的发展以及先人们对阅读书籍的需求增多，卷轴装的许多弊端逐步暴露出来，已经不能适应新的需求了。例如：如果要阅读卷轴装书籍的中后部分时也要从卷首打开，看完后还要再卷起，十分不便。经折装的出现大大方便了阅读，也便于取放。它的装帧形式与卷轴装已经有很大的区别，形状和今天的书籍非常相似。这种形式在书画、碑帖等的装裱上一直沿用到今天。经折装的书籍，最前面的一页和最后面的一页是分开的。有一种装订形式是将经折装的首、末两页粘连在一起，翻开阅读时若有风来，中间的纸页飞起，有如旋风，故名旋风装。

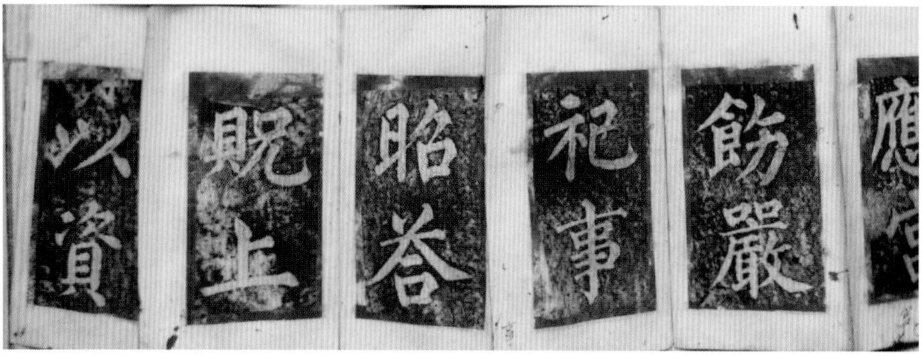
经折装

用以上方法装帧的书籍，翻阅时间长了，折叠处易断裂，导致书页散落。到了宋朝，开始采用浆糊粘连或用丝线穿订的方法来装订书籍，出现了蝴蝶装和包背装。

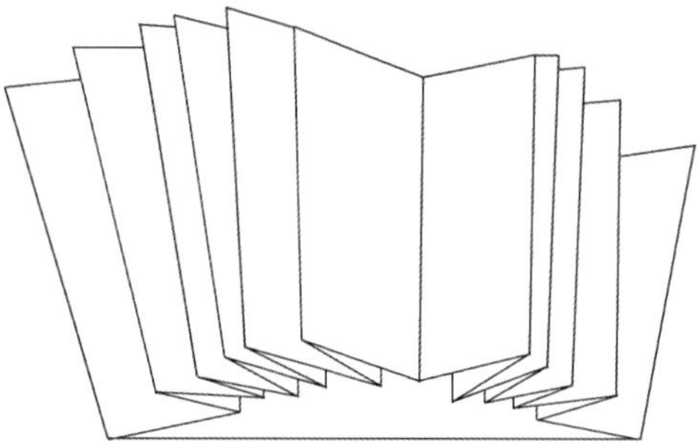
旋风装

线装书籍始于明朝中叶。我国装订技术史上第一次采用将零散页张集中起来，用订线方式穿成册的装订方法就是线装书。它的出现表明了我国的装订技术进入了一个新的阶段。线装这种装订方式，是中国古代书籍装帧的最后一种形式，也是中国古代书籍装帧技术发展最富代表性的阶段。线装书是我国所独有的一种装订形式，具有鲜明的中国特色。

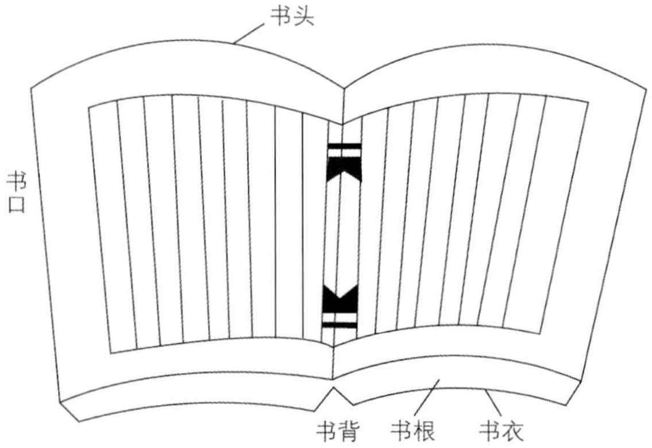

蝴蝶装

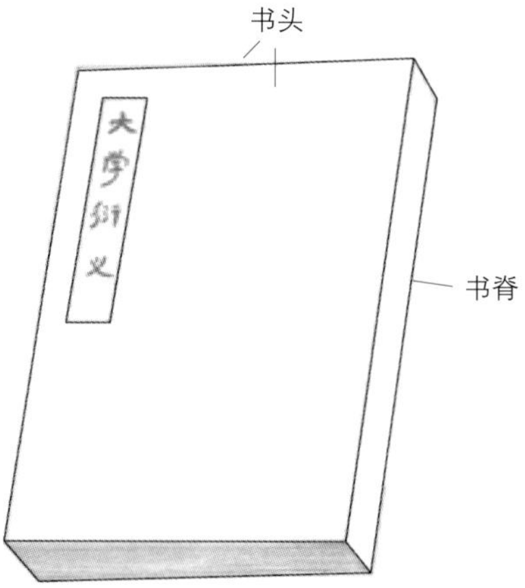

包背装

线装

线装，顾名思义是用线把书页连封面装订成册，订线露在外边的装订形式。在今天的书店里和现实生活中我们还常常可以看见和接触到线装这种古代书籍的装订形式，而其他的一些古代的装订形式在现实生活中基本上已经很难看到了。

传统的线装书，它的封面、封底和书籍内页的尺寸都是相同的。而我

线装书

们今天的书，把书芯抽掉，封面、封底、书脊是连在一起的一张纸，共同形成了一个封皮。今天的书一般是竖着摆放在书架上的，书籍更强调在书架上的展示效果，因此也更注重书脊的设计。传统的线装书是横着平放的，书脊就是书的内页纸张所形成的自然厚度。但是，线装书很好翻阅，阅读时能摊得开，张合自如，而且很牢固。

清朝以后，活字印刷大规模普及，逐渐代替了雕版印刷，印刷品的产量、种类不断增加，装订技术也得到了快速的发展，逐步从手工操作走向了机械操作。现在，除了为保留我国民族特色，制作少量珍贵版本书和仿古书籍时采用线装外，主要的装订形式有平装和精装。装订的方法分为手工装订、半自动装订和使用联动机的全自动装订等。

二、书刊的装订工艺

平装书的装订工艺

平装以纸质软封面为特征，是书籍常用的一种装订形式。

手工和半自动装订工艺流程为：撞页裁切 → 折页 → 配书帖 → 配书芯 → 订书 → 包封面 → 切书。从裁切到订书为书芯的加工过程。

撞页裁切

印刷好的大幅面书页撞齐后，用单面切纸机裁切成符合要求的尺寸。

裁切是在切纸机上进行的。切纸机按其裁刀的长短，分为全张和对开两种；按其自动化程度分为全自动切纸机、半自动切纸机。操作时，要注意安全，裁切的纸张、切口应光滑、平整、不歪不斜、规格尺寸符合要求。

折页

印刷好的大幅面书页，按照页码顺序和开本的大小，折叠成书帖的过程，称为折页。

折页的方式，大致分为三种。

1. 垂直交叉折页法

工人师傅每折完一折时，将书页旋转90°角折下一折，书帖的折缝互相垂直。这种折页形式操作简便，折数与页数有很大的关系。

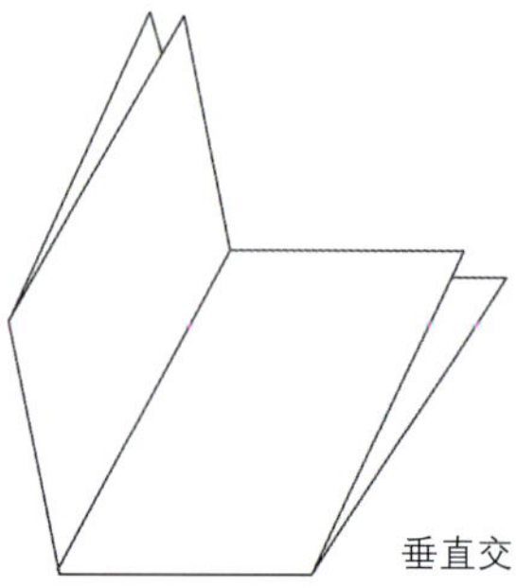

垂直交叉折页法

2. 平行折页法

折出的书帖折缝互相平行。适用于折叠较厚纸张的书页，如企业画册、教育科普读物等。

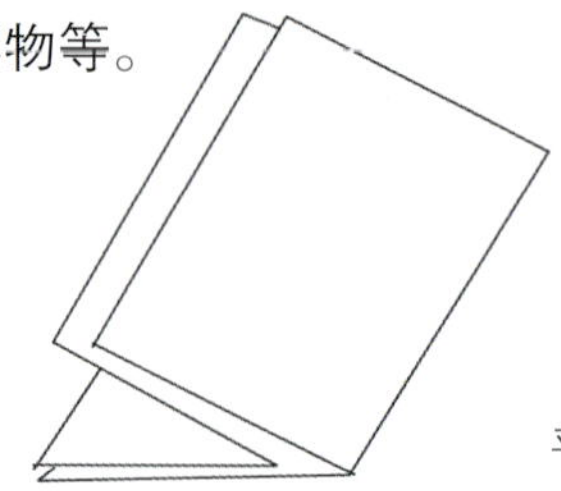

平行折页法

3. 混合折页法

在同一书帖中的折缝，既有平行，又有垂直的折页方式叫做混合折页法。用机器折成的书帖基本都是这种形式。

现在，我国的印刷厂大部分采用机械折页。折页机分为刀式折页机、栅栏式折页机和栅刀混合式折页机，有全张和对开两种。

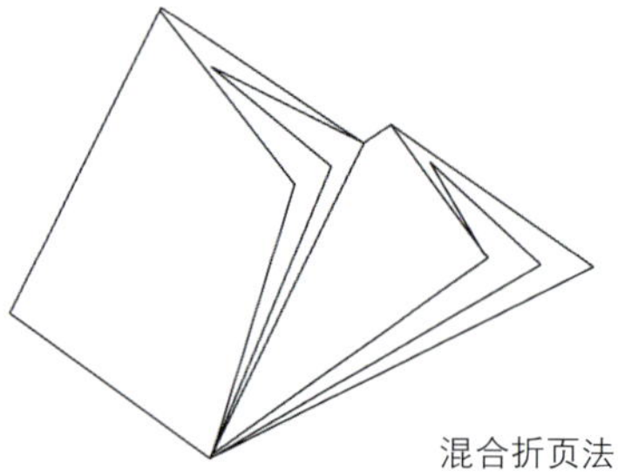

混合折页法

刀式折页机，是采用折刀将纸张压入旋转着的两个折页辊的横缝里，通过两个辊与纸张之间的摩擦力来完成折页过程。这种折页机可以折全张的印张，折页精度高，但占地面积大，搬运不便。

刀式折页机

栅栏式折页机，是使运动的纸张通过折页辊沿着栅栏往前运动，直至档板，在折面辊的摩擦作用下，被弯曲折叠。这种折页机，折页速度快，占地面积小，但不适合折幅面大、薄而软的纸张。

栅栏式折页机

由刀式和栅栏式组合而成的折页机，叫做栅刀混合式折页机。这种折页机的折页速度比刀式折页机和栅栏式折页机快。

此外，书刊卷筒纸印刷机，一般都会设有折页装置。

配书帖

把零页或插页按页码顺序套入或粘在某一书帖中。

配书芯

把整本书的书帖按顺序配集成册的过程叫配书芯，也叫排书。有套帖法和配帖法两种。

1. 套帖法

将一个书帖按页码顺序套在另一个书帖里面或外面，形成两帖厚而只有一个帖脊的书芯。该法适合于帖数较少的期刊、杂志。

2. 配帖法

将各个书帖按页码顺序，一帖一帖地叠摞在一起，成为一本书刊的书芯，供订本后包封面。该法常用于平装书或精装书。

配帖可用手工，也可用机械进行。手工配帖，劳动强度大、效率低，还只能小批量生产，因此，现在主要利用配帖机完成配帖的操作。

配帖机的工作是将书帖按顺序放在传送带上，依次重叠，完成书芯的配帖。

为了防止配帖出差错，印刷时，每一印张的帖脊处，印上一个被称为折标的小方块。配帖以后的书芯，在书背处形成阶梯状的标记，检查时，只要发现梯档不成顺序，即可发现并纠正配帖的错误。

将配好的书帖撞齐、扎捆，除了锁线订以外，在毛本的背脊上刷一层稀薄的胶水或浆糊，干燥后进行订书。

订书

把书芯的各个书帖，用各种装订方法牢固地联结起来，这一工艺过程叫做订书。常用的方法有骑马订、铁丝钉、线订、胶粘订等四种。

包封面

通过折页、配帖、订合等工序加工成的书芯，包上封面后，便成为平装书籍的毛本。

包封面也叫包本或裹皮。手工包封面的过程是：折封面、书脊背刷胶、粘贴封面、包封面、抚平等。现在为了提高劳动效率，除异形开本书外，很少采用手工包封面。

机械包封面，使用的是包封机，有长式包封机和圆式包封机。

机械包封机的工作过程是：将书芯背朝下放入存书槽内，随着机器的转动，书芯背通过胶水槽的上方浸在胶水中的圆轮把胶水涂在书芯脊背部、靠近书脊的第一页和最后一页的订口边缘上，涂上胶水的书芯，随着机器的转动，来到包封面的部位，最上面一张封面被粘贴在书脊背上，然后集中放入烘背机里加压、烘干，使其平整。

平装书籍的封面应包得牢固、平服。书脊上的文字应居于书脊的正中直线位置，不能倾斜。封面应清洁平整，无破损、折角等。

切书

把经过加压烘干、书脊平整的毛本书，用切书机将天头、地脚、切口按照开本规格尺寸裁切整齐，使毛本变成光本，成为可阅读的书籍。

切书一般在三面切书机上进行。三面切书机是裁切各种书籍、杂志的专用机械。三面切书机上有三把钢刀，它们之间的位置可按书刊开本尺寸进行调节。

书刊切好后，逐本检查，防止不符合质量要求的书刊出厂。

知识链接　平装联动机

为了加快装订速度、提高装订质量，避免各工序间半成品的堆放和搬运，采用平装联动机订书。

1. 骑马装订联动机

骑马装订联动机也叫三联机。它由滚筒式配页机、订书机和三面切书机组合而成，能够自动完成套帖、封面折和搭、订书、三面切书，累积计数后输出，配备有自动检测质量的装置。

骑马装订联动机，生产效率高，适合于装订64页以下的薄本书籍，如期刊、杂志、练习本等。但是，书帖只依靠两个铁丝扣连结，因而牢固度差。

2. 无线胶订联动机

无线胶订联动机，能够连续完成配页、撞齐、铣背、锯槽、打毛、刷胶、粘纱布、包封面、刮背成型、切书等工序。有的用热熔胶黏合，有的用冷胶黏合。自动化程度很高，每小时装订数量高达7000册，有的还要多。

平装联动机

三面切书机

精装书的装订工艺

精装书的封面、封底一般采用皮革、漆布、人造革、丝织品等高档材料，粘贴在硬纸板表面制作成书壳。

根据封面的加工方式，可分为有书脊槽和无书脊槽书壳。书芯的书背可加工成硬背、腔背和柔背等，造型美观，坚固耐用。

精装书的装订工艺流程为：书芯的制作→ 书壳的制作 → 上书壳。

精装图书的装订方式

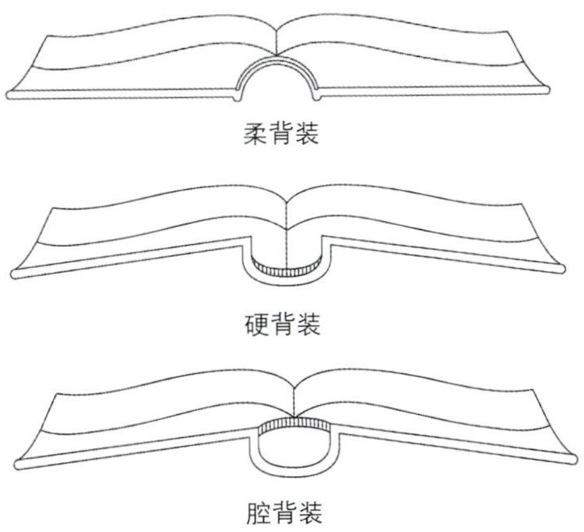

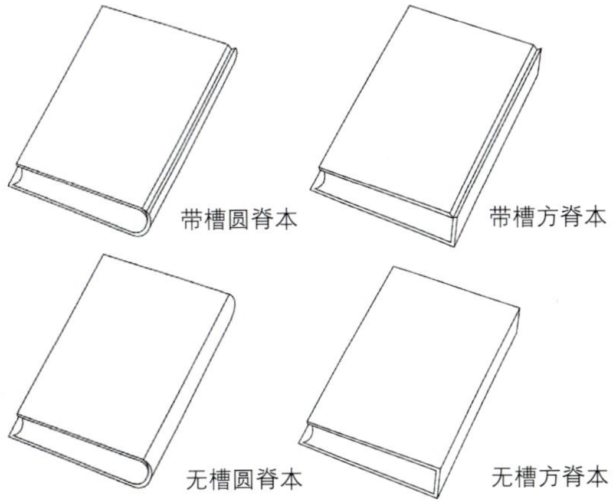

书芯的制作

书芯制作的前一部分和平装书装订工艺相同，包括：裁切、折页、配页、锁线与切书等。在完成上述工作之后，就要进行精装书芯特有的加工过程。书芯为圆背有脊形式，可在平装书芯的基础上，经过压平、刷胶、干燥、裁切、扒圆、起脊、刷胶、粘纱布、再刷胶、粘堵头布、粘书脊纸、干燥等完成精装书芯的加工。书芯为方背无脊形式，就不需要扒圆。书芯为圆背无脊形式，就不需要起脊。

1. 压平

压平是在专用的压书机上进行的，可使书芯结实、平服，提高书籍的装订质量。

2. 刷胶

用手工或机械刷胶，使书芯达到基本定型，在下道工序加工时，书帖不发生相互移动。

3. 裁切

对刷胶基本干燥的书芯进行裁切，成为光本书芯。

4. 扒圆

由人工或机械，把书脊背脊部分处理成圆弧形的工艺过程，叫做扒圆。扒圆以后，整本书的书帖能互相错开，便于翻阅，提高了书芯的牢固程度。

5. 起脊

由人工或机械，把书芯用夹板夹紧夹实，在书芯正反两面，接近书脊与环衬连线的边缘处，压出一条凹痕，使书脊略向外鼓起的工序，叫做起脊。这样可防止扒圆后的书芯回圆变形。

6. 书脊的加工

加工的内容包括：刷胶、粘书签带、贴纱布、贴堵头布、贴书脊纸。贴纱布能够增加书芯的连结强度和书芯与书壳的连结强度。堵头布贴在书芯背脊的天头和地脚两端，使书帖之间紧紧相连，不仅增加了书籍装订的牢固性，又使书变得美观。书脊纸必须贴在书芯背脊中间，不能起皱、起泡。

书壳的制作

精装书的封面是书壳。书壳所采用的材料应具备一定的强度和耐磨性，并具有装饰的作用。

用一整块面料，将封面、封底和书脊背连在一起制成的书壳，叫做整料书壳。封面、封底用同一面料，而书脊背用另一块面料制成的书壳，叫做配料书壳。

书壳的制作过程是先按规定尺寸裁切封面材料并刷胶，然后再将前封、后封的纸板压实、定位，包好边缘和四角，进行压平。由于手工操作效率低，现改用机械制书壳。

做好的书壳，在前后封以及书脊背上，压印书名和图案等。为了适应书背的圆弧形状，书壳整饰完以后，还需进行扒圆。

知识链接

豪华装，也叫艺术装。豪华装的书籍类似精装，但用料比精装更高级，外形更华丽，艺术感更强。一般用于高级画册、保存价值较高的书籍。主要用手工操作完成。

上书壳

把书壳和书芯连在一起的工艺过程，叫做上书壳，也叫套壳。

上书壳的方法是：先在书芯的一面衬页上涂上胶水，按一定位置放在书壳上，使书芯与书壳一面先粘牢固，再按此方法把书芯的另一面衬页也平整地粘在书壳上，整个书芯与书壳就牢固地黏结在一起了。最后用压线起脊机，在书的前后边缘各压出一道凹槽，加压、烘干，使书籍更加平整、定型。如果有护封，则包上护封即可出厂。

精装书，装订工序多、工艺复杂，用手工操作时，操作人员多、效率低。目前采用精装联动机，能自动完成书芯供应、书芯压平、刷胶烘干、书芯压紧、三面裁切、书芯扒圆起脊、书芯刷胶粘纱布、粘卡纸和堵头布、上书壳、压槽成型、书本输出等精装书的装订工艺。

我国生产的JZX—01型精装书籍装订自动生产线由供书芯机、书芯压平机、刷胶烘干机、书芯压紧机、书芯堆积机、三面切机、扒圆起脊机、输送反转机、书芯贴背机、上书壳机、压槽成型机等单机按上述顺序排列组成。

线装书的装订工艺

线装书是用线把书页连封面封底装订成册，订线露在外面的装订方式。线装书加工精致，造型美观，极具中国特色。

线装书全用手工装订。其工艺流程为：理纸和开料→折页→配页→散作、齐栏→打眼→串纸钉→粘面、贴签条→切书→串线订书→印书根。

理纸和开料

线装书所用纸质软而薄，理纸困难。因此，要先将印张理齐，再按照折页的方法进行裁切。

折页

线装书的书页，一面印有图文，一面是空白，书页对折后图文在外，占 2 个页码。有的书页在折缝印有“鱼尾”标记，折页时将鱼尾标记折叠居中，版框也就对准了。

配页

先把页码理齐，然后逐贴配齐。配页时，一边配页，一边毛查，防止多帖、漏帖、错帖现象发生。

散作、齐栏

将书页逐张理齐，使书页达到齐正的工艺操作，称之为“散作”。逐张拉齐栏脚的过程叫“齐栏”。

打眼

线装书要打两次眼。第一次在书芯打 2 个纸钉眼，用来串纸钉定位。第二次是打线眼，即先将书芯与封面配好，并粘牢，再经三面裁切成光本书后，打四个或六个眼。

串纸钉

串纸钉是线装书装订的特有工序。纸钉用长方形的连史纸切去一角制成。纸钉穿进纸眼后，纸钉弹开，塞满针眼，达到使散页定位的目的。串纸钉时，纸钉的头与尾需露在书芯的外面并且要摊平。

粘面、贴签条

线装书的封面、封底是由两到三张连史纸裱制而成的。粘面时，先把少量的胶涂在纸钉的头尾部分，然后将封面、封底粘在正确的位置上。

线装书的封面，一般都为青色。印有书名的签条贴在封面的左上角。签条应该如何设计及粘贴，对书籍的整体效果有一定的影响。

切书

一部由多册组成的书，可先把各册书整理到一起，再利用三面切书机裁切成为光本，这样就减少了整部书的裁切误差。

串线订书

线装书的串线方法很多，使用最多的是丝线和锦纶线。订好的书，要求平整结实，线结不能外露，应放在针眼里。

印书根

在书籍的地脚切口部分印书名、版次和册数字样，以便于查找。

案例直击：线装书《江南》

由上海宏骏设计工作室装帧设计的刚古纸业画册《江南》也采用了线装书的装订形式。这是一本纸业公司的推广画册，盛邀了很多设计师参与了画册内页的制作，而主题就是一同去聆听，去感受，去体味江南的那份古朴、精致与邃远。画册采用线装书的装订形式正是暗合了这一主题，而这本画册的书脊也显得与众不同，用江南特色的蓝色印花布把书脊包了起来，显得非常雅致大方。书中的内页运用了大量的特种纸张和特殊印刷工艺，将纸品的特性展现得淋漓尽致。

因此说设计的形式还是应该为内容服务的，什么样的书籍内容就决定了适合用什么样的装订形式，而我们设计师的角色就是起到了为书籍进行量体裁衣的作用。

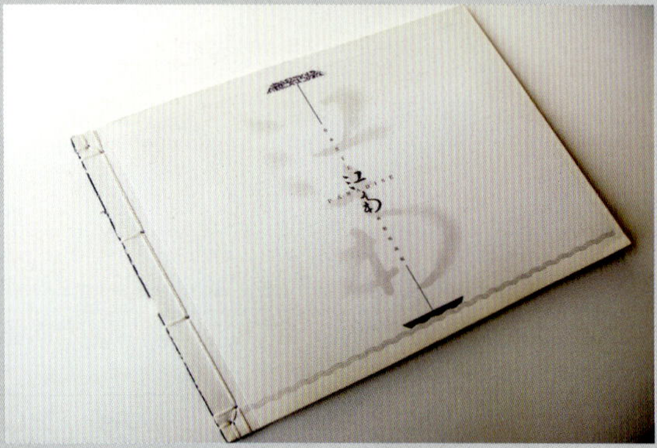

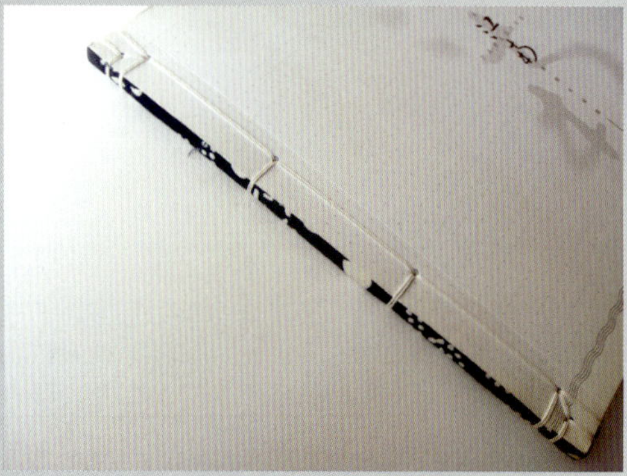

案例直击：《曹雪芹风筝艺术》

线装书这种传统的装订形式，只能用手工完成，费工费事，效率又低，又不太经济，那为什么还有设计师会选用这种方式呢？还有那么多获大奖的书偏偏又采用的这种装订方式？为什么今天的一些设计师还在研究这种装订形式，不断地进行这方面的尝试？

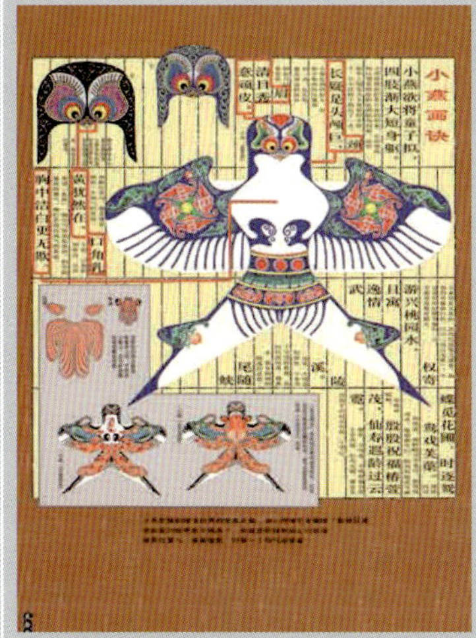

2006年，我国选送的图书《曹雪芹风筝艺术》获得了该年度“世界最美的书”称号。“世界最美的书”的评选是由德国政府支持，并由德国法兰克福与莱比锡书籍艺术基金会和德国莱比锡市政府共同主办的，是一项世界性的图书文化活动。“世界最美的书”评选具有相当高的学术性和文化价值，有严格的评选标准和原则、完备的评选程序与规则，评选结果及获奖作品堪称艺术杰作，对国际书籍艺术潮流有引导和示范作用。我国著名设计师赵健设计的这本《曹雪芹风筝艺术》获此殊荣，非常不易。

让我们来认识认识这本书。如图所示，这本书的外表非常朴素，一点也不华丽。封面色彩是中国传统线装书的蓝色，装帧形式采用了线装书的装订方式。该书的整体设计思路是一种融合中国传统同时又富含现代视觉元素理念的一种表达形式。线装书，应该说，是传统的，但它能够得到西方评委的认可，说明它又是世界的。对于这本书，线装这种形式的选择是非常合适的。

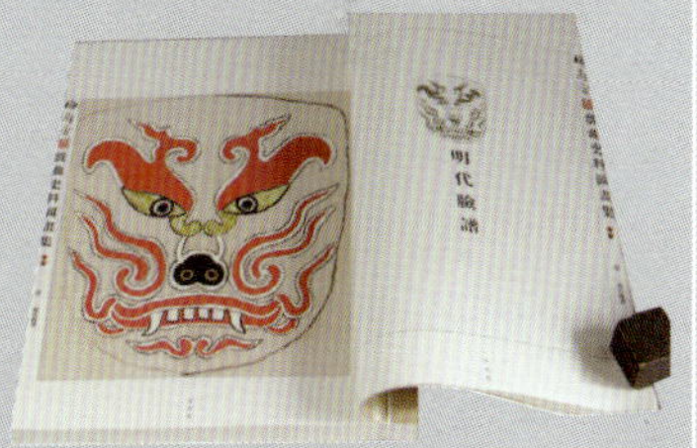

无独有偶，我国的另一本获得2004年“世界最美的书”称号的《梅兰芳藏戏曲史料图画集》，也是采用了线装书的装订形式。为什么两本获此殊荣的图书的设计者都采用了线装书这同一种装订方式？如果换一种装订方式，又会是一种什么效果？线装书给人一种传统的感觉，有一种历史感，对于表现一些传统题材、民间艺术、历史文献方面的书籍，是一种很适合的装订方式。而且，线装书似乎又不仅仅只是实现装订的功能这么简单，它和我们其他的设计手段，例如色彩运用、文字的编排、纸张的选择同样重要，能够辅佐设计者更好地展示书籍，表现书籍的内容，达到内容和形式的完美结合。

梅兰芳藏戏曲史料图画集

案例直击： 异型开本的书籍

不同类别的书有其自身的思想内涵与形态功能特征、阅读周期、阅读场所、阅读人群的不同等等差异，这些都可能影响书籍设计的视角和手法。如吴勇老师设计的三角形画册《画魂》的形态就来源于内容，但实则是由诸多因素促成这一选择的。

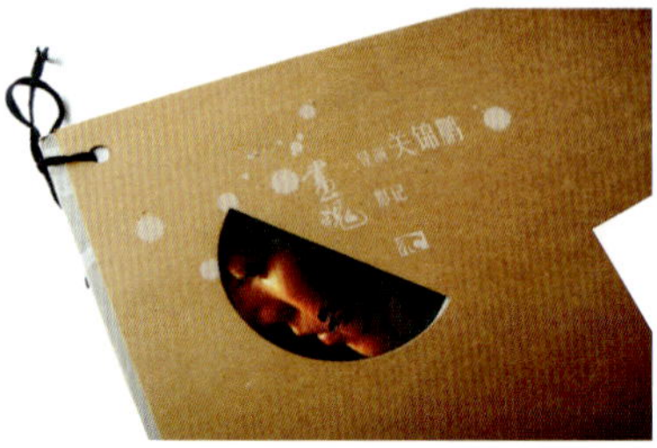

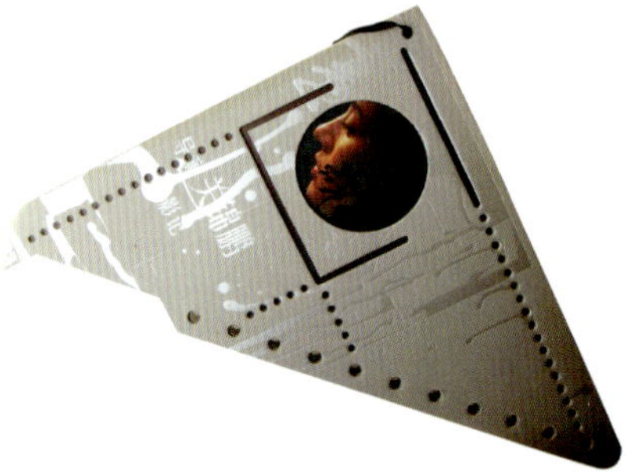

这本书是配合电视剧《画魂》播出档期的应时性书籍，所以它不会有再版的可能，即可以选择物美价廉的断档进口库存纸来做内文用纸。而这种进口纸往往又不合国内的纸张开本，为避免浪费和消除读者对开本上的误解，规避造成成本和市场价格定位失误的可能，因而设计者创造性地设计出了三角形的折手法。而这种折手又恰好能符合批量生产装订成书的原则，等等。以上诸多因素才促成了这本有点极端的书籍形态，这绝不是简单的为了形式而形式的书籍设计。

吴勇老师设计的另外一本书《用镜头亲吻西藏》也显得与众不同。作者大胆地在接近书的中间位置挖孔，挖成光圈形式的，从大到小，刚好像单反相机的镜头。封面那位老人，他的眼睛好像瞄着这个“镜头”一样。因为不单单是在封面模切，而是差不多整本书都做了模切，所以每翻一页都会出现这个“镜头”，这就为读者阅读增添了乐趣。另外这本书的页码用了在西藏经幡里最常见的色彩——蓝、白、红、黄、绿等，使这本书的西藏韵味十足。

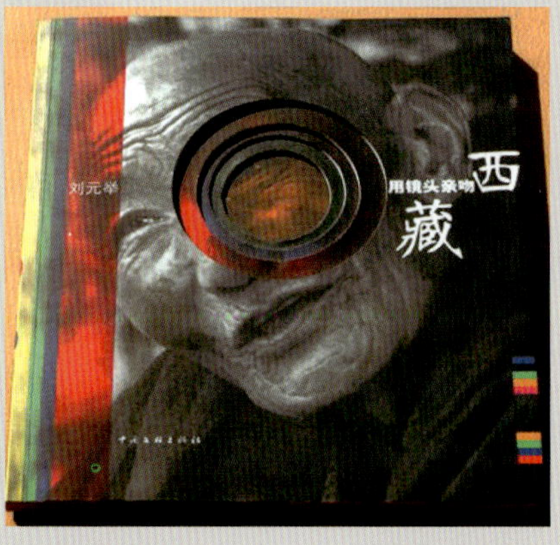

三、几种常见的书籍装订方式

知识链接

书背是整体造型的重要因素之一。书背虽小，但它却是封面和封底的连接点。当图书立于书架上时，书背又作为书籍整体形象的代表呈现在读者眼前，所以它的设计格外重要。现在，有一种独特的“裸装”问世——书籍的封面及环衬作为一个书帖（折手）形式出现，没有将封面及封底连贯起来的完整封面，书背处裸露着众书帖的原始状态及锁线机锁出的粗犷线链，活似没有完工的书芯。然而它已经成为成品，虽然它不能印上文字和图案，但其独特的“原生态”早已紧紧吸引了读者的眼球。

骑马订

用骑马订书机，将套帖配好的书芯连同封面封底一起，在书脊上用两个铁丝扣订牢成为书刊。太厚的书籍不适合采用骑马订，而且装订的时候多帖书必须套合成一整帖。

骑马订，英文为“Saddle stitches”。“saddle”马鞍的意思，因我们在装订的时候，将配好的书页送到装订机走动的链条之上时如同为马匹上马鞍一样而得名。钉子就订在马背的位置上。因此，把订好的书本平行打开，可以看到整本书以中间钉子为中心，全书的第一页与最后一页对称相连接，最中间两页也以其为中心对称且相连。装订之时，第一帖书页置于装订机的最前方，第一个落到链条上，其他帖依次序叠在其上，封面最后落在上面，然后订钉子，再送到装订机尾端裁刀部分，将订好的书册裁修三边成为光本书，以传送带送出装订机尾，包装交货。由于骑马订此种以中心为对称的特性，制版时拼版就与一般的平订、胶装、穿线平装的拼法不同，因此，在设计一本书时，开始打算平订的，若是要在制版后改骑马订，拼版方式就完全是两回事了。骑马订另一个特性是：因为完成的书册有厚度，最后裁修翻页的这一边（即翻口）时，马鞍的两侧靠齐合拢，最外页与最中间页修切之后，外表看是一样尺寸，但实际上中间页被书册一半的厚度向外挤伸而被多修切掉一些，所以丈量左右的尺寸时，会发现它比封面小。

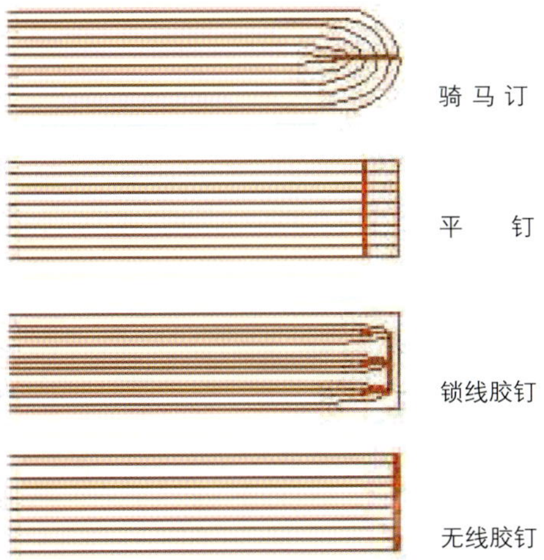

常见的书籍装订方式

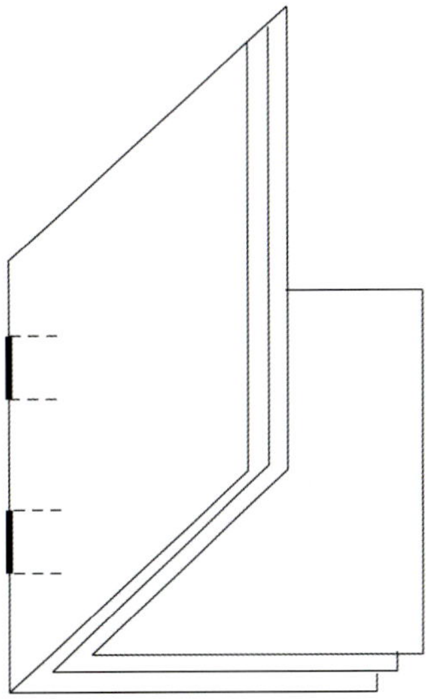

骑马订折标示意图

骑马订

铁丝平订

铁丝平订就是用铁丝订书机，将铁丝穿过书芯的订口进行装订的订法。

铁丝平订的特点是生产效率高，但缺点是铁丝受潮会产生黄色锈斑，影响书刊的美观，还会造成书页的破损、脱落。这种订法适宜于 100 页以内的书刊。

铁丝平订

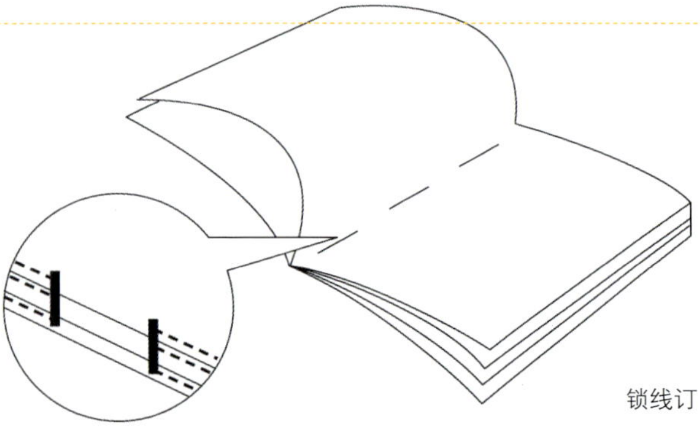

锁线订

锁线订

按照顺序将配好的书帖用线一帖一帖地串联起来，叫做锁线订。常用锁线机来完成。

锁线订可以订任何厚度的书，牢固、翻阅方便，但生产效率较低。

胶粘订

用胶粘剂将书帖或书页黏合在一起制成书芯的装订方式叫做胶粘订。胶粘订一般是把书帖配好页码，在书脊上锯成槽，经撞齐后用胶粘剂将书帖粘结牢固。

胶粘订的书芯，既可用于平装，也可以用于精装。

胶粘订

案例直击：《守望三峡》

由小马哥和橙子设计创作的《守望三峡》以其整体的、有条理的编辑设计控制，并注入“激情三峡”的情感驾驭，使读者感受到三峡沧桑丰厚的文化积淀和三峡变迁的悲壮与气魄。

设计者深入三峡与作者同行，跋山涉水，寻幽探今、亲临险境、亲身感受三峡的过去和未来，将作者的素材重新梳理、逻辑化整合、戏剧化地进行再设计，较好地将语言图像构建在具有节奏感的时空戏剧表演之中。以视框的图形记号贯穿全书，图文在斑驳的视觉流动中出没，体现作者对主体内容的观察、审视后归纳出富有动感的视觉陈述方式。特别是裸露在外的书背造型恰如“一石激起千层浪”，令你从三峡变迁中产生一种冲动。视觉气氛弥漫的封面已足以冲击读者的心绪，给读者带来瞬间刻画的感动。

作为书籍装帧设计者能够主动地驾驭信息，把握传递形态、节奏层次和手段，既是一种幸运也是一种磨难，因为这需要对以往装订形式的反思和对书籍整体装订概念的重新认识。

本章练习：书籍设计

书籍是信息传达的载体，而不同的书籍内容又会产生形态不同的书籍。同时，书籍的不同形态也会反映一定社会、一定时期的生活状态和意识形态。因此，对于新的快速发展的信息时代的书籍形态的体现，成为了书籍设计者们面临的崭新课题。社会在发展，设计水平在提高，印刷材料在变化更新，人们的审美眼光也在变得挑剔。进行书籍形态的塑造首先就要从更新观念开始，对传统与现代甚至是未来的书籍构成进行由内至外、宏观到微观、文字表现与图像传播、立体空间塑造与书籍语意传达的不断探索，从而创造出充满传统意蕴和现代美感的新的书籍形态。

书籍形态创新最直观的表达就是书籍开本和装订形式的创新。近些年来针对这一课题，很多设计专业院校都做了一定的创新和尝试，鼓励学生打破原有的书籍开本模式和装订形式，创造了一批形式新颖、内容丰富的书籍设计，为中国的书籍设计发展做了很大的贡献。以下几幅就是靳埭强设计奖、2008全球华人大学生平面设计比赛未来设计师大奖获得者石林同学的书籍设计作品《窗外云——林徽因诗集》

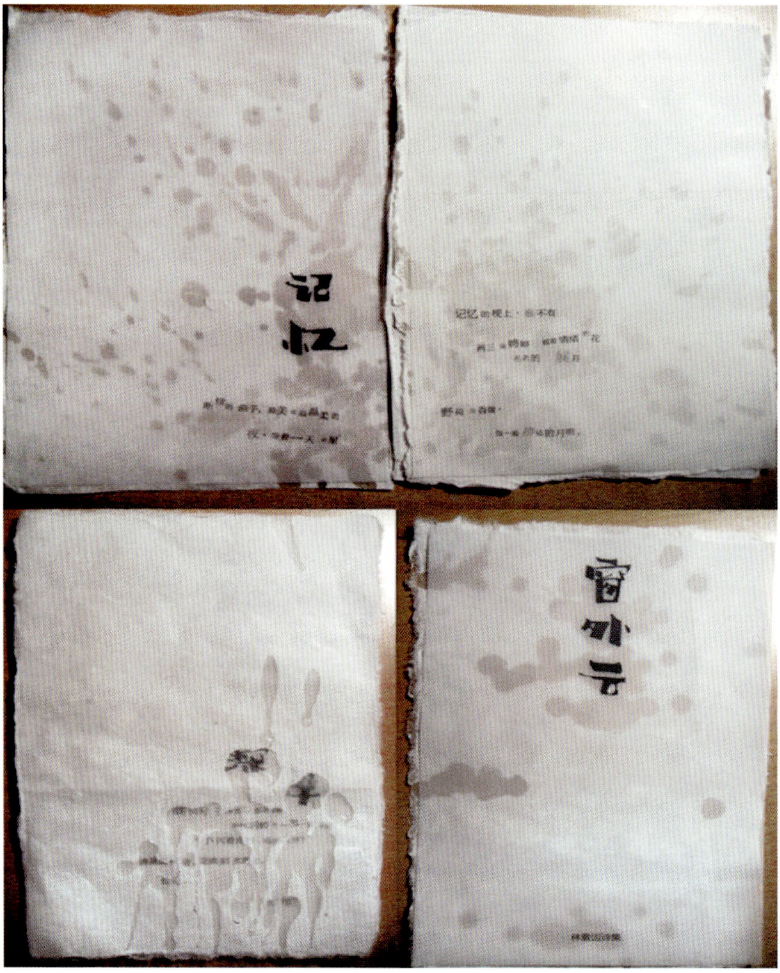

设计点评：

林徽因的诗，如其人，孤傲而感性。作者的灵感从徐志摩的“你是一片云”而来，采用了“云”的概念来做书。具体的表现方式采用了滴蜡的效果，排版方面，将文字的大小、字距变化与朗读时的轻重结合起来，让人们在阅读的时候在视觉上产生阅读的感受。文字印与牛油纸上，与滴有蜡的宣纸重叠，使其形式稍有变化，更贴近诗集的感觉和意境。

6.

第六章 从设计到完稿——印刷复制全程追踪

第六章　从设计到完稿——印刷复制全程追踪

本章引言

在此章中，将以具体的一个或几个实例来说明印刷中，从接单开始到装订完成的整个过程。本章例子完全来源于印刷企业及具有丰富经验的一线技术员工。

接单

接单的前提是与客户的洽谈及充分沟通。要充分了解客户的需求，为他们量身定制经济实用的印刷方案，这其中可能涉及产品设计的范畴。目前国内不少印刷企业已经有了从产品设计到后期加工的一整套流程，这些企业做的不仅仅是“来料加工”，也可以为客户做前期的设计甚至是编辑、策划。它们超越了传统的印刷企业概念，大大提高了企业的竞争力，成为目前印刷企业发展的一种趋势。

工艺设计

工艺设计流程：开本及纸张的确定→ 印刷方案的确定 → 原稿处理→ 发片→印刷→后期整饰→装订

以北京杰诚雅创文化传播有限公司所做画册为例来说明。

1. 开本及纸张的确定

不同类型的画册会采用不同的开本，一般摄影类画册以 16 开及 12 开的方型开本为主。纸张多用 157 克光铜，这样的纸张有足够的亮度，可以充分表现出摄影作品的颜色及层次。

经验提示

除了画册，目前纯质纸也广泛地用在各类图文书的印刷中，这类图书以 90 克、100 克纯质纸最为常用。

纯质纸常见的克重有 90 克、100 克、120 克、140 克和 150 克，其中 140 克及 150 克的纯质纸不太常用，需要订做，可能会使生产周期延长，这是需要特别注意的。

知识链接

从目前的市场看，一般纯质纸的价格比铜版纸稍贵。而铜版纸中，光铜比无光铜稍贵。

摄影类画册

中国画类画册 8 开的形式较多，16 开也是比较常用的形式。油画类画册以 8 开、12 开较为多见，其中常见的还是 8 开。这类画册的内文用纸以无光铜版纸为主，印刷出来的画面显得稳重、雅致。105 克、128 克、157 克及 200 克无光铜都可以，尤其以 128 克及 157 克用得最多。究竟选用哪一种，要考虑整本书的页数，页数过多的画册不适合选择高克重的纸张，否则除了成本较高之外，过于沉重也使画册不便携带及翻阅。

经验提示

书的开本通常会有正度和大度之分，如正 32 开、正 16 开、正 8 开或大 32 开、大 16 开、大 8 开等，正度开本所用的纸张全开尺寸为 787mm × 1092mm，大度开本所用的纸张全开尺寸为 889mm × 1194mm。异型开本不普遍，纸张来源不多，可能需要现调纸张，周期长，单独调纸也不太经济。除非追求特殊效果，否则不建议使用。

中国画类画册

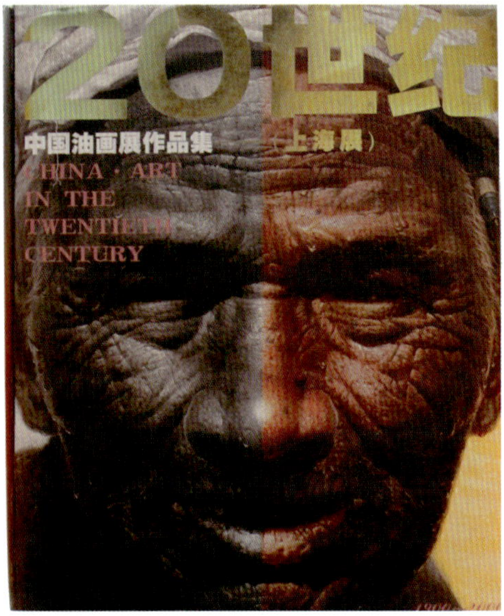

油画类画册

书法类画册以 8 开及 16 开为主，与上面几种画册相比，用纯质纸印刷比用铜版纸更好。纯质纸的纸色稍稍偏黄，如果用在摄影及中国画、油画类作品上，印刷出来会发闷，效果不好，但用在书法类作品上，会产生与宣纸类似的印刷效果。与铜版纸相比，纯质纸色调反差小，给人以柔和、舒适的视觉感受。多用 120 克到 150 克的纯质纸。整本书不超过 240 页的，120 克纸比较常用。

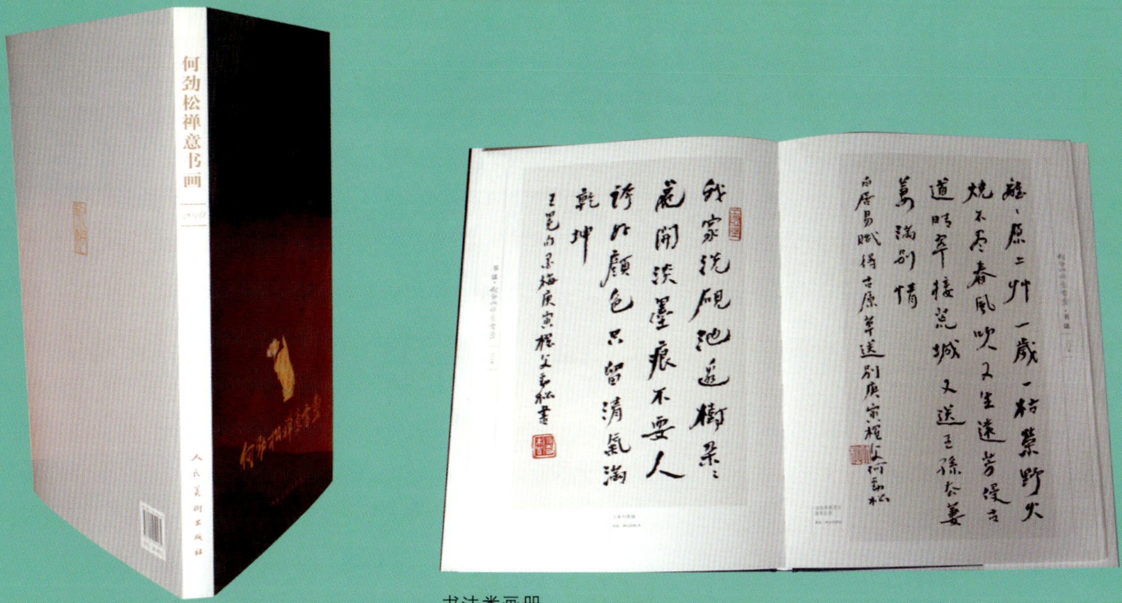

书法类画册

知识链接

专色可用特种油墨印刷，如金墨（印刷后呈黄金光泽的油墨，以铜合金粉为颜料制成。）、银墨（印刷后呈白银光泽的油墨，以铝粉为颜料制成。）、珠光墨（呈现优美的珍珠光泽）、荧光油墨（具有将紫外线短波转换为较长的可见光而反射出更耀目色彩的功能）以及发光油墨（用发光颜料制成的油墨，受日光或其他光源照射激发后在一段时间内发出淡绿色磷光，也叫磷光油墨或夜光油墨。）等。

2. 印刷方案的确定

多数彩色画册用四色胶印印刷。如果量足够大，可以上轮转胶印，速度快且成本低。彩色的轮转胶印机是 8 色双面印刷，也就是正反面各四色同时印。这一点与平版四色胶印机不同，四色胶印机一次只能印一面，要等印刷面干后再次上机印另一面。

对于某些包装、期刊、广告，可能会用到专色，专色可用特种油墨印刷，也可以通过人工配墨调制的专色来印，如红色专、绿色专等。与黄、品、青、黑四色版不一样，专色版无网点，为 100% 实地。专色的饱和度较高，如果要在其上做叠印的话，需要做成镂空版，不可以直接在专色上叠印。

如果在四色机上印专色，需要先印四色，干燥后对印刷机进行清洗换墨，再次印刷。

专色印刷

3. 原稿处理

客户提供的图片原稿一般有反转片及电子文件两种。如果是反转片要先扫描成电子文件，一般画册扫描精度用350dpi。对于原稿的处理大致有去脏、裁图以及调色等。

裁图前

裁图后

调色是非常重要的一环，下面列举几个案例进行说明。（沈阳新华印刷厂柴英凯提供）

知识链接

裁图即去边，但要特别注意保持作品的完整性，特别是签名日期等信息。

（1）中国画

中国画以墨为主。墨分为五色，即“焦、浓、重、淡、清”，墨彩又分为“黑、白、浓、淡、干、湿”六彩。墨具有丰富的表现力。在印刷中对于体现中国画的黑色，灰平衡的作用尤为突出，因此在做中国画时大多用 GCR 来做，这样在印刷时更能表现墨的特点，使墨不易偏色。

原图

调图后

原图已经和原稿很像了，但为了能体现中国画的特点，对原图做了以下调整：

- 由于原画宣纸有点泛黄所以把宣纸的底色设置成了 C5、M5、Y7。
- 把黑版提高使它的层次更加突出，对比更强烈。
- 调整三色灰平衡使中国画中的墨色更接近灰色。

知识链接

夕阳山色重彩水墨画中底色用 C3、M6、Y6，工笔仕女图底色用 C7、M4、Y4，古画或仿古画底色用 C5、M5、Y9、K3。

（2）油画

油画是用油彩堆出来的，具有很强的立体感，因此在调整时主要注意清晰度、色彩饱和度的调整。

原图

调图后

为了体现油画的立体感用 UCR 做了以下进行调整：

- 整体加深，使油墨总量增加。
- 用 USM 锐化。
- 对个别颜色进行校色。

（3）摄影作品

摄影作品的调整是通过模拟拍摄时的光线来还原实地景物的。

原图

调图后

为了更好地还原实地景物做了以下调整：

- 将图片的白场前移，这样能使景深加长，使天空看起来更加晴朗。
- 将绿色饱和度加大，色彩提纯。
- 把黑加深以加大反差。

（4）儿童画

儿童画一般用较多的纯色，所以这类作品一定要把色彩做得足够饱和、足够纯。用 UCR 和 GCR 做都可以，但建议用 GCR，因为 GCR 对纯色影响不大，但由于黑版长，可以更好地表现画的轮廓，这样更符合儿童画的特点。下面是用 UCR 和 GCR 做的对比：

用 UCR 调的图

用 GCR 调的图

（5）黑白图片

黑白图片在印刷时显得单薄，因此通常在制作画册时用双色或四色印刷，这样看起来厚重且层次更丰富，下面是三种黑白图印刷时的对比：

黑白图
一般调整时将阶调调全网点做到 5% 到 95% 之间。

双色图
调整这类原稿要将黑版做成全色调，再将红版或蓝版做成专色灰版，一般做到 15% 到 80% 即可。

四色印黑白图
将一张黑白图调成全色调后用 GCR 转成四色，然后调整曲线使之保持灰平衡即可。

4. 发片

传统印刷有出菲林片（即胶片）的环节，但随着技术的进步，CTP 用得越来越普遍。一般铜版纸印刷发 200 线（印版分辨率）菲林片，纯质纸用 150 线，胶版纸印刷用 133 线。CTP 制版的活，一般铜版纸发 230 线，纯质纸用 175 线，胶版纸印刷用 150 线。

知识链接 CTP(Computer-to-plate)

计算机直接制版技术出现于 20 世纪 80 年代。它是将图文信息经数字化处理后，不经过出胶片直接输出到印版上的设备。CTP 的优势：1. 省略了出胶片的工序，节省了胶片费用，缩短了生产周期。2. 由于少了一道由胶片到印版的晒版过程，加强了网点控制，提高了图文复制质量。3. 便于实现从印前到印后的全数字化工作流程。

铜板纸印刷品

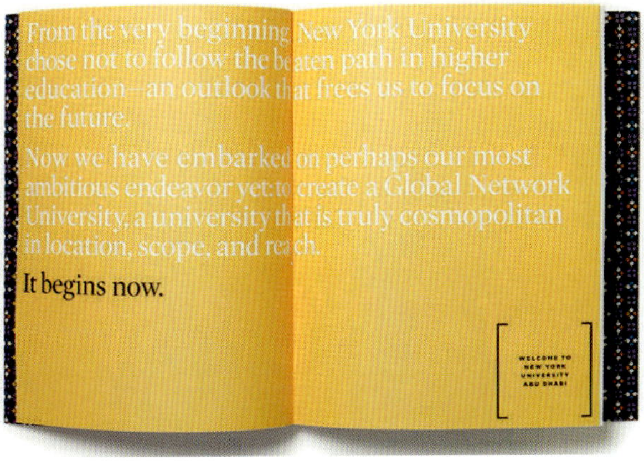

纯质纸印刷品

5. 印刷

印刷的两个关键技术是“套准”和“追色”。套准与上版有关，印刷中的追色，以打样样张为准，通过控制给墨量的多少来调节。

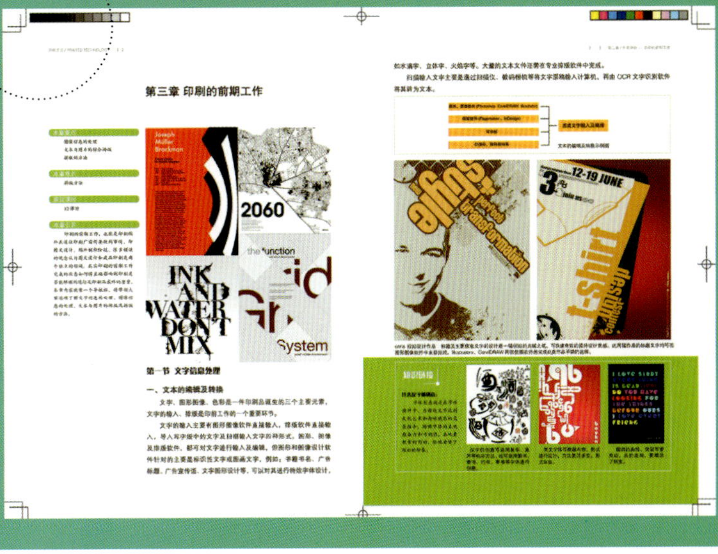

6. 后期整饰

常用的工艺有烫金、烫银、烫黑、覆膜等。

烫金

烫银

烫黑

7. 装订

常见的装订方式有平装和精装两种。画册一般以精装为主。

精装

附 录

一、印前术语

原稿：制版所依据的实物或载体上的图文信息。

文字排版：将文字原稿依照设计要求组成规定版式的工艺。

行空：字行之间的距离。

磅：是字体排版之量度单位，英文字母最小单位，1 英寸分 72 单位磅。

级：光学照排时代是指文字大小，4 级为 1mm。

字号：是指字体大小的称谓，最大特号字 72 磅，最小 8 号字 5 磅。

字节：是电脑机器语言的单位，8bit 等于一字节。

背题：禁止将某一级次的标题排于版末，题下无正文行的排版禁则。

标题级序：标题大小及层次顺序的排列。排版时同一级序标题的字体、字号及规格要统一。

串文：在标题、插图、表格一侧排入正文。

齐头：版面排位的指令，以字首作基准线，延伸到拼版、装订，指以版头位为基准。

散尾：文字排版的一种，只求字距统一，不求行末文字齐整。

活字：单个反文单字，字画凸出，每字单独成为一印。

拣字：在桌面排版应用之前，依照原稿和设计要求将活字排成毛条或毛坯的排版工艺。

版面：印刷成品幅面中图文和空白部分的总和。

版心：印版或印刷成品幅面中规定的印刷面积。

版口：版心边沿至成品边沿的空白区域。

天头：版心上边沿至成品边沿的空白区域。

地脚：版心下边沿至成品边沿的区域。

分色：把彩色原稿分解成各单色版的过程。

图像分解：把原稿连续调图像分割成无数极小的、在正常视距内不为人眼所分辨的像素的图像复制工艺。

校色：彩色图像复制中，使印刷的色还原更接近原稿的分色片修正工艺。

修版：对分色片进行修整，以弥补缺陷、改善色调还原以及对局部图像进行加工的工艺。

分色片：通过分色把彩色原稿分解成单色（基本色）线条、连续调或网点阴图、阳图底片。

测控条：
由网点、实地、线条等测标组成的软片条，用以判断和控制拷版、晒版、打样和印刷时的信息转移。

加网：复制技术中，通过网屏把连续调原稿或分色片分解成可印刷的像素（网点、网穴）的过程。

散尾：文字排版的一种，只求字距统一，不求行末文字齐整。

网屏：把连续调图像分解成可印刷复制的像素（网点、网穴）的加网工具。

网点：组成网点图像的像素，通过面积或墨量变化再现原稿浓淡效果。

像素：构成图像的基本单元，通过图像分解，由这种图像单元与空白的对比再现连续调效果。

色密度：彩色画面的密度，用透射率或反射率倒数的十进对数表示。

反差：原稿和复制品中最亮和最暗部位的密度差。

层次：图像上从最亮到最暗部分的密度等级。

阶调：图像信息还原中，一个亮度均匀的面积的光学表现。

阶调值：阶调的量度，在印刷技术中通常用透射和反射的程度、密度表示。

极高光：画面上最亮的光点。

实地：没有网点的色块面积，通常指满版。

反白： 文字或线条用阴纹来印刷，露出的是纸白。

撞网：调幅网分色工艺，网点角度分配出错，或每一网角距离小于 25° ，龟纹就开始明显。

飞网：镜头制版的挂网工艺，正常曝光后取下挂网，补充短暂曝光增加反差。

高调：原稿或印刷品上反射光线比较强，颜色比较浅淡的部分，密度值在 0.2–0.6 之间，或称亮调。

中间调：画面上介于亮调和暗调之间的阶调。

低调：是指图片阴暗，或称暗调。

曝光：用光照射感光涂层，以获得一种潜在或可见图像的过程。

显影：用还原剂把软片或印版上经曝光形成的潜像显现出来的过程。

定影：用化学药品去除感光涂层中未曝光或未还原的物质，如卤化银，使图文固定的过程。

拷贝：复制技术中，用底片与感光材料接触曝光，复制图文的过程，泛指对原物的模仿和复制。

涂布：在工件，如版材上涂覆涂料的生产过程。

晒版：用接触曝光的方法把阴图或阳图底片的信息转移到印版或其他感光材料上的过程。

印版：其表面处理成一部分可转移印刷油墨，另一部分不转移印刷油墨的印刷版。

印刷复制特性曲线：描述原稿到印刷品各个复制环节密度或网点之间关系的曲线。

预打样：在修版和打样前，用模拟印刷油墨色相的基本色（色粉、色膜等），或用电子方法在屏幕上依据分色片制作彩色样，用以预先检验分色片质量的方法。

改版：依照校样的标注改正版面差错。

校对：依照原稿及设计要求在校样上检查，标注排版差错。

制版：依照原稿复制成印版的工艺过程。

拼版：将文字、图表等依照设计要求拼组成版。

打样：从拼组的图文信息复制出校样。

补漏白：分色制版时有意使颜色交接位扩张，减少套印不准的影响。

陷印：补偿两种相邻颜色之间潜在间隙的技术。

软片：又称胶片、片子、菲林等。

光晕：光在乳剂内散射或在片基上反射所形成的一种现象。

龟纹：由于各色版所用网点角度安排不当等原因，印刷图像出现不应有的花纹。

露白／漏白：印刷用纸多为白色，印刷或制版时，该连接的色不密合，露出白纸底色。

二、印中术语

印刷：使用印版或其他方式将原稿上的图文信息转移到承印物上的工艺技术。

印刷品：使用印刷技术生产的各种产品的总称。

压印线：“圆压平”和“圆压圆”印刷机的压印体在互相作用的瞬间产生的接触带。

印刷工艺：实现印刷的各种规范、程序和操作方法。

印刷故障：在印刷过程中影响生产正常进行或造成印刷品质量缺陷的现象之总称。

重影：在印刷品上同一色网点，线条或文字出现的双重轮廓。

背面粘脏：印在承印物上的印刷油墨，粘在另一印张的背面，造成蹭脏。

透印：印在纸张上的图文由背面可见。

承印物：能接受油墨或吸附色料并呈现图文的各种物质。

印刷油墨：在印刷过程中被转移到承印物上的成像物质，一般由色料、连结料、填充料与助剂组成，具有一定的流动性和黏性。

印刷图文载体：为了印刷、复制图像和（或）文字所用的，含有将油墨转移至承印物上所需之全部信息的载体。

印版：用于传递油墨至承印物上的印刷图文载体。通常划分为凸版、凹版、平版和孔版四类。

复制版：按照原有印版复制成的第二块或若干同样印版。

包衬：印刷机压印体上或印版下的包覆物。

无压印刷：不借助压力施印的各种印刷方式。

印后加工：使印刷产品获得所要求的形状和使用性能的生产工序，例如装订、包本、折页。

龟纹：照几何学原理有规则地分布的点或线相叠时产生的斑纹。沿用到制版工艺中，它形容加网时如果误用了网屏角度，就会在底片上出现龟纹。

纸型：通过将薄型、厚型纸或专用纸型材附着在活字版或凸图版上施加压力而制成的供浇铸铅版用的模版。

晾纸：印刷前对纸张进行吊晾，使纸张含水量与印刷车间的温、湿度相平衡，以保持纸张尺寸稳定。

平版：图文部分与空白部分几乎处于同一平面的印版。

磨版：将平印金属版在晒制前研磨成砂目状，使版面粗化。

平凹版：以锌或铝为版基，用阳图底片晒版，经显影和腐蚀后，图文略低于空白部分的平印版。

润版：平印版在着墨前为了保持空白部分斥墨性能，用润湿液将版面润湿。

水墨平衡：在平印印刷过程中油墨和润湿液之间的相对稳定关系。

润湿液：在印刷过程前用来润湿印版的水溶液。

酒精湿润：在胶印润湿液中添加酒精、异丙醇或其他醇类，降低水的表面张力，有利于润湿印版。

橡皮布：胶印机上转印滚筒的包覆物；包衬的组成部分。

滚压：胶印机橡皮滚筒和印版滚筒或压印滚筒间在压力下相对滚动。

输纸装置：胶印机中将所要印刷的纸张从纸堆上输送到定位机构的装置。

条痕：出现在网纹平面上与滚筒轴向平行的条状印痕，属胶印印品故障。

规矩部件：是纸张定位机构，保证纸张在进入印刷装置前相对印版有一个正确的位置。

糊版：由于印版图文部分溢墨，造成承印物上的印迹不清晰，属胶印印品故障。

掉版：平印版的图文细微调子变浅，网点和线条面积减小，甚至失去亲墨性。

脏版：因印版润湿不良，造成空白部分着墨。

前规：确定纸张在走纸方向上前后位置的规矩。

侧规：确定纸张与走纸方向垂直位置的规矩。

印版支承体：是支承和固定印版的部件。

版台：平台形的印版支承体。

咬纸牙：在印刷过程中交接纸张的构件。

墨斗：储存和供给油墨的部件。

墨台：传递和碾匀油墨的平台。

折页装置：卷筒纸印机上将印完的纸带裁切、折叠的装置。

对版不准（走版）：多色印刷中印版发生偏离现象的总称。

堵眼：丝网印版的网孔因油墨干固而被逐渐堵塞，造成印刷故障。

剥网：在有网距的条件下进行印刷时当刮墨刀离开承印物时，丝网从承物上弹开的过程。

绷网：将丝网紧绷于网杠上的工作。

匀墨：保证墨不漏出丝网的同时，把墨均匀地从网版的一端刮到另一端。

填墨：是向网孔内灌墨的过程。

释墨：部分油墨从丝网上释放到承印物上的过程。

离网：印刷过程中，丝网印版与附着于承印物上的油墨的脱离。

覆墨：在印刷操作之前使丝网印版的通孔充满油墨。

置墨区宽度：刮墨区域与丝网印刷网框之间的距离。

漏印：印版的印刷区域透墨而非印刷区域不透墨的印刷方式。

印版刮墨面：印刷油墨进入丝网印版通孔的一面。

印刷面：丝网印版的底面，即油墨与承印物相接触的一面。

三、印后术语

装订：将印好的书页、书贴加工成册，或把单据、票证等整理配套，订成册本等印后加工的总称。

圆背：精装的一种，书背制作成一定弧度的圆弧面。

骑马订：将书的封面与书芯一起配套成为一册，骑在机器上用铁丝沿折缝进行订书，然后裁切成册的装订方式。

套帖：将一个书帖按页码的顺序依次套在另一个书帖的面（或里面），成为一本书刊的书芯，再将封面套在书芯最外面的一种配页方法。

折页：将印张按照页码顺序折叠成书刊开本大小的书帖的工作过程。

配页：将书帖或多张散印书页按照页码的顺序配集成书的工作过程。

插页：由于图表版面的安排，在书刊中插入不成帖的零页的工作过程。

烫背：将包好封面书册背部，用烫背机热压，使封面平整牢固地粘贴在书芯上的加工过程。

配帖：将书帖或单张按页码顺序配集成书册的工序。

接版：对印在相邻书页上一个整体图案的两个部分进行拼接装订，或将印在两个印张上一个整体图案的两部分拼齐，并将两个印张的重叠边粘连形成一个印张。

压平：用压平机将书芯压实。

扎捆：将书帖或书芯压紧并扎成捆。

包本：在书芯上裹封皮。

划口：沿折缝线用花轮刀切割书页使其具有一定长度和间隔的口子，以便于折页时排除空气，保证折页准确。

压槽：是在书籍的前后封和书脊连接的部位压出一条宽约 3mm 的软质书槽的工艺。

裱卡：活络套书芯的两面粘上硬质卡纸的加工工艺。

撞页：也称“闯页”或“撞纸”，是将印刷好的大幅面印张，利用纸张间的空气渗透所产生的自由滑动将原来不整齐的页张经碰撞使之齐整。

开料：根据工艺要求及尺寸规格，用切纸机将撞齐的印张裁切成所需要幅面规格的过程。

上蜡：在配页前，将所配书册的首帖或尾帖的订缝边处刷上一层蜡液。

浆背：配成本的书帖经撞齐捆扎后，在书背部刷上一层薄胶液或浆糊，称为浆背。

裁切：使用裁切机将撞齐的印张、原纸等裁切成规定的尺寸，或者将装订成毛本的书册按规定的尺寸裁切成光本书册的操作过程。

贴背：又称“三粘”，是指在书芯背上粘纱布、粘墙头布，粘书背纸的工序。

包壳：将软质封面经摆壳后包住硬质纸板的操作。

上料：将所烫印的各种材料放在应烫位置的操作。

烘干：用某种方式去除溶剂保留固体含量的工艺过程。

覆膜： 以透明塑料薄膜通过热压覆贴到印刷品表面，起保护及增加光泽的作用。

压痕：利用钢线，通过压印，在纸片上压出痕迹或留下供弯折的槽痕。

压光：把有涂层的印品，通过滚筒滚压而增加光泽。

烫箔：以金属箔或颜料箔，通过热压转印到印刷品或其他物品表面上，以增进装饰效果。

套烫：在同一加工对象上进行两次以上的烫印。

色口：在书籍、薄册的切口面，喷涂各种颜色的工艺。

蘸花口：在书籍的切口面，蘸粘一层各式花纹的加工。

压花：利用压力的作用在复合材料表面形成某种特殊的花纹。

扒圆：圆脊精装书在上书壳前，先把书芯背部处理成圆弧形的工序。

起脊：精装书在上书壳前，把书芯用夹板加紧压实，在书芯正反两面接近书脊与环衬连线的连缘处压出一条凸痕，使书脊略向外鼓起的工序。

书芯：指书籍封皮以内或未上封皮之前订在一起的书帖及环衬等。

订口：指书刊应订联部分的位置。

前口：也称口子，指与订口折缝边相对的阅读翻阅边。

破口：书芯裁切后书页的切口所出现的破损。

粘口：书帖粘连零散书页时在书帖上涂胶的部分，通常以最后一折的折缝线为基准线，按一定的宽度在书帖边涂胶。

后记

本书的编写历时半年多的时间，在编写过程中，我们根据多年的教学经验，针对高等职业教育平面艺术设计专业培养目标，对印刷工艺进行了有针对性、指导性的阐述。鉴于高等职业教育的特点，我们在编写的过程中，强调理论与实践相结合，更加注重对印刷工艺的实用性与可操作性的论述。本书的编写，对高等院校平面艺术设计专业学生的艺术设计过程有重要的指导作用。但是，我们想要构建一个全新的印刷工艺的理论与实践操作框架是相对困难的，我们所做的只是一次尝试，一次创新，编写的不足之处还望得到各方面的专家、同仁以及广大读者的指正。

本书的编写内容，主要根据国家印刷行业标准和企业的实践工作经验，另外一部分来源于印刷行业的有关资料，由于收集资料的途径有限，一部分作品没有署名，敬请作者见谅！

张 雨